艺术设计系列教材

景观植物

辨识与设计

杨眉 编著

西安交通大学出版社
XI'AN JIAOTONG UNIVERSITY PRESS

图书在版编目（CIP）数据

景观植物辨识与设计 / 杨眉编著 .—西安：西安交通大学出
版社，2020.6（2023.12 重印）

ISBN 978-7-5693-1360-4

Ⅰ.①景… Ⅱ.① 杨… Ⅲ.①园林植物 – 景观设计 – 教材
Ⅳ.① TU986.2

中国版本图书馆 CIP 数据核字（2019）第 225732 号

书　　名	景观植物辨识与设计
编　　著	杨　眉
责任编辑	赵怀瀛

出版发行　西安交通大学出版社
　　　　　（西安市兴庆南路 1 号　邮政编码 710048）
网　　址　http://www.xjtupress.com
电　　话　（029）82668357　82667874（市场营销中心）
　　　　　（029）82668315（总编办）
传　　真　（029）82668280
印　　刷　西安五星印刷有限公司

开　　本　889mm×1194mm　1/16　印张　16　字数　290 千字
版次印次　2020 年 6 月第 1 版　2023 年 12 月第 2 次印刷
书　　号　ISBN 978-7-5693-1360-4
定　　价　98.00 元

序

植物之于环境艺术设计师，如同衣料之于服装设计师、食材之于厨师，都要求做到信手拈来并驾轻就熟。因此，环境艺术设计专业学生的第一门专业课就是植物辨识。学生对植物的深入学习和细致观察会持续四载，贯穿春夏秋冬，他们不仅要记录植物的开花、结果、落叶、发芽，更要体会园林的季相变化和不同植物组合的艺术效果。

地球上的植物多达几十万种，而我国幅员辽阔，城市园林植物区划就超过10个分区。因此，学生能找到的植物教材往往又厚又重，价格不菲，而其中常见的植物又非常有限，不便于携带和学习。十几年的教学经验告诉我，在辨识植物的过程中，专业深度、针对性和趣味性都很重要，最好能根据学校所处的植物区划来聚焦学习内容，确保学习效率和质量。西安交通大学位于以郑州、西安为代表的园林植物Ⅳ区，有上百种乔木、灌木、竹类和藤本植物生长于此，而百年交大校园里的植物就已经涵盖了Ⅳ区的主要类型，是理想的实地户外教学空间，于是我便萌生了带领学生一起动手记录、测绘拍摄，编写一本植物图鉴的想法。经过五个春夏秋冬，终于完成了这本翔实的校园植物图鉴，期望能成为学生学习植物课程的一本实用而有趣的教材。

笔者于西安交通大学东一楼

2019 年夏

目　录

乔木类

白皮松

别　名： 白骨松、白果松、虎皮松、蟠龙松、三针松

科属分类： 松科　松属

株　型： 乔木，高达30米，胸径达3米。

枝　干： 主干明显，或从树干近基部分枝。幼树树皮呈灰绿色，光滑，长大后树皮裂成不规则薄块片脱落，露出淡黄绿色的新皮。老树皮呈淡褐灰色或灰白色，裂成不规则的鳞状块片脱落，块片脱落露出粉白色内皮，白褐相间或呈斑鳞状。一年生枝为灰绿色，无毛，冬芽红褐色，卵圆形，无树脂。白皮松心材为黄褐色，边材为黄白色或黄褐色，质脆弱，纹理直，有光泽，花纹美丽，比重为0.46，可作为房屋、家具、文具等用材。

叶： 针叶3针一束，粗硬，长5~10厘米，径1.5~2毫米，叶背及腹面两侧均有气孔线，先端尖，边缘有细锯齿；横切面为扇状三角形或宽纺锤形，有单层皮下层细胞，在背面偶尔出现1~2个断续分布的第二层细胞，有树脂道6~7个，边生；叶鞘脱落。

花： 雄球花卵为圆形或椭圆形，长约1厘米，多数聚生于新枝基部成穗状，长5~10厘米。种鳞为矩圆状宽楔形，先端厚，鳞盾近菱形，有横脊，鳞脐生于鳞盾的中央，明显，三角状，顶端有刺，刺之尖头向下反曲，少量尖头不明显。花期4—5月。

果： 球果通常单生，初直立，后下垂。种子近倒卵圆形，长约1厘米，灰褐色，种翅短，为赤褐色，长约5毫米，有关节，易脱落。球果翌年10—11月成熟。

生长习性与栽培特点： 白皮松为喜光树种，耐瘠薄土壤及较干冷的气候；在土层深厚、肥润的钙质土和黄土中生长良好。可通过播种和嫁接繁殖。一般多用播种繁殖，早春解冻后播种；如采用嫁接繁殖，应将白皮松嫩枝嫁接到3~4年生油松大龄砧木上，存活率可达85%~95%。白皮松幼苗生长缓慢，宜密植，如需继续培育大规格苗，则需在定植前进行2~3次移栽。两年生苗可在早春顶芽尚未萌动前带土移栽。4~5年生苗，可进行第二次带土球移栽，株行距60~120厘米。

景观效果： 白皮松为常见的园林绿化传统树种，用途广泛，树姿优美，为优良的庭院树种。白皮松在园林配植上，可以孤植、对植，也可丛植成林或作为行道树，具有极高的观赏价值。

白皮松 株型 1

白皮松 叶

白皮松 株型 2

白皮松 花

白皮松 果

白皮松 景观效果

碧桃

别名：千叶桃花

科属分类：蔷薇科 桃属

株型：落叶小乔木，高 3~8 米，一般整形后控制在 3~4 米，树冠宽广而平展。

枝干：树皮为暗红褐色，老时粗糙呈鳞片状。小枝细长，光滑无毛，有光泽，绿色，向阳处转变成红色，具大量小皮孔；冬芽为圆锥形，顶端钝，外被短柔毛，常 2~3 个簇生，中间为叶芽，两侧为花芽。

叶：叶片为长圆披针形、椭圆披针形或倒卵状披针形，长 7~15 厘米，宽 2~3.5 厘米，先端渐尖，基部为宽楔形，上面无毛，下面在叶脉间具少数短柔毛或无毛，叶边具细锯齿或粗锯齿，齿端具腺体或无腺体；叶柄粗壮，长 1~2 厘米，常具一至数枚腺体，有时无腺体。

花：花单生，或两朵生于叶腋，重瓣，先于叶开放，直径 2.5~3.5 厘米。花梗极短或几无梗；萼筒为钟形，被短柔毛，或无毛，绿色而具红色斑点，萼片为卵形至长圆形，顶端圆钝，外被柔毛。花瓣为长圆状椭圆形至宽倒卵形，粉红色，罕为白色；雄蕊约 20~30 枚，花药绯红色；花柱几与雄蕊等长或稍短；子房被短柔毛。花期 3—4 月。

果：果实形状和大小均有变异，为卵形、宽椭圆形或扁圆形，直径 (3)5~7(12) 厘米，长与宽几乎相等，色泽变化由淡绿色、白色到橙黄色，常在向阳面具红晕，外被短绒毛，少量为无毛，腹缝明显，果梗短而深入果洼；果肉呈白色、浅绿白色、黄色、橙黄色或红色，多汁有香味，甜或酸甜；核大，离核或粘核，椭圆形或近圆形，两侧扁平，顶端渐尖，表面有纵、横沟纹和孔穴；种仁味苦，少量味甜。果实成熟因品种而异，果期通常为 8—9 月。

生长习性与栽培特点：喜光、耐旱，喜欢气候温暖的环境，耐寒性好，不耐潮湿环境，不喜积水。要求土壤肥沃、排水良好。繁殖以嫁接为主，各地多用切接或盾状芽接。

景观效果：碧桃花大色艳，开花时美丽异常，观赏期为 15 天。它的园林绿化用途广泛，绿化效果突出，栽植当年即有特别好的效果体现，可列植、片植、孤植。碧桃是园林绿化中常用的彩色苗木之一，和紫叶李、紫叶矮樱等苗木通常一起栽植。

碧桃 株型

碧桃 枝干

碧桃 叶

碧桃 花

碧桃 果

碧桃 景观效果

垂柳

别名：水柳、垂丝柳、清明柳

科属分类：杨柳科　柳属

株型：高大落叶乔木，高达 12~18 米，树冠开展而疏散。

枝干：树皮呈灰黑色，不规则开裂；小枝细长下垂，淡褐黄色、淡褐色或带紫色，无毛。芽线形，先端急尖。

叶：叶狭，为披针形或线状披针形，长 9(8)~16 厘米，宽 0.5~1.5(1.2) 厘米，先端长渐尖，基部楔形，两面无毛或微有毛，上面绿色，下面色较淡；叶柄长 (3)5~10 毫米，有短柔毛；托叶仅生在萌发枝上，为斜披针形或卵圆形，边缘有齿牙。

花：花序先叶开放，或与叶同时开放；雄花序长 1.5~2(3) 厘米，有短梗，轴有毛；雄蕊 2 枚，花丝与苞片近等长或较长，基部有长毛，花药红黄色；雌花序长达 2~3(5) 厘米，有梗，基部有 3~4 片小叶，轴有毛；子房为椭圆形，无毛或下部稍有毛，无柄或近无柄，花柱短，柱头有 2~4 个深裂；苞片为披针形，长约 1.8~2(2.5) 毫米，外面有毛。花期 3—4 月。

果：蒴果长 3~4 毫米，呈绿黄褐色，内有种子 2~4 粒，成熟种子细小，绿色，外被白色柳絮，种子千粒重 0.1 克。垂柳的雌雄株在形态上有明显的差异，一般雄株枝条粗壮，花芽大，吐芽开花比雌株早 3~5 天。果期 4—5(6) 月。

生长习性与栽培特点：喜光，不耐阴，喜爱温暖湿润的气候以及潮湿肥沃、深厚的酸性及中性土壤，较耐寒，耐盐碱，适应性强，在气温 0℃~40℃ 地域均正常生长，在河边、湖岸、堤坝上生长最快，亦耐旱。特耐水湿，但也能生长于土层深厚的高燥地区。萌芽能力强，根系发达并且生长迅速，但易受虫害，寿命较短，树干易老化。繁殖以扦插为主，也可用播种繁殖。嫁接方法一般采用芽接、劈接、插皮接和双舌接等方法。根系发达，对有毒气体有一定的抗性，可吸收二氧化硫。发芽早，亦耐修剪，落叶晚，枝条柔软，有较强的抗风能力。垂柳枝干形成不定根的能力很强，水培枝条 10 天左右便长出不定根。不定根数量在近水面较多。

景观效果：枝条细长，生长迅速，自古以来深受中国人民喜爱。最宜配植在水边，如池畔、河流、湖泊等水系沿岸处。与桃花间植可形成桃红柳绿之景，是江南园林春景的特色配植方式之一。垂柳也是园林绿化中常用的行道树，观赏价值较高，成本低廉，也可作庭荫树、公路树，亦适用于工厂绿化，还是固堤护岸的重要绿化树种。

垂柳 株型

垂柳 枝干

垂柳 叶

垂柳 景观效果

鹅掌楸

别名： 马褂树、双飘树

科属分类： 木兰科 鹅掌楸属

株型： 乔木，高达 40 米，胸径 1 米以上。

枝干： 小枝呈灰色或灰褐色。

叶： 叶为马褂状，长 4~12(18) 厘米，近基部每边具 1 个裂片，先端具 2 个浅裂，下面苍白色，叶柄长 4~8(16) 厘米。

花： 花呈杯状。花被有 9 片，外轮有 3 片，绿色，萼片状，向外弯垂，内两轮有 6 片，直立。花瓣呈倒卵形，长 3~4 厘米，绿色，具黄色纵条纹。花药长 10~16 毫米，花丝长 5~6 毫米。花期时雌蕊群超出花被之上，心皮呈黄绿色。花期 5 月。

果： 聚合果长 7~9 厘米，具翅的小坚果长约 6 毫米，顶端钝或钝尖，具种子 1~2 颗。果期 9—10 月。

生长习性与栽培特点： 喜光及温和湿润的气候，有一定的耐寒性，喜深厚肥沃、适湿而排水良好的酸性或微酸性土壤 (pH4.5~6.5)，在干旱土地上生长不良，也忌低湿水涝。繁殖方式有播种与扦插法，但以播种为主。春季播种，播后覆盖稻草，20~30 天出苗。注意灌溉、排水，酌情施肥。一年生苗可高达 40 厘米以上，留床培植一年，次年定植。

景观效果： 鹅掌楸树形雄伟，叶形奇特，花大而美丽，为世界珍稀树种之一，17 世纪从北美引种到英国，其黄色花朵形似杯状的郁金香，故欧洲人称之为"郁金香树"。鹅掌楸具有极强的观赏性，是城市中极佳的行道树、庭荫树种，丛植、列植或片植于草坪、公园入口处，均有独特的景观效果。鹅掌楸对有害气体的抵抗性较强，也是工矿区绿化的优良树种之一。

鹅掌楸 株型 1

鹅掌楸 株型 2

鹅掌楸 枝干

鹅掌楸 叶

鹅掌楸 花

鹅掌楸 景观效果

构树

别名：褚桃、谷桑、谷树、褚、楮实子、沙纸树

科属分类：桑科 构属

株型：落叶乔木，高 10~20 米。

枝干：树皮呈暗灰色，小枝密生柔毛，树冠张开，树皮平滑，不易裂，全株含乳汁。

叶：叶螺旋状排列，为广卵形至长椭圆状卵形，长 6~18 厘米，宽 5~9 厘米，先端渐尖，基部心形，两侧常不相等，边缘具粗锯齿，不分裂或有 3~5 个裂缝，小树之叶常分裂明显，表面粗糙，稀疏面生糙毛，背面浓密有绒毛，基生叶脉三出，侧脉 6~7 对；叶柄长 2.5~8 厘米，浓密有糙毛；托叶大，卵形，狭渐尖，长 1.5~2 厘米，宽 0.8~1 厘米。

花：花雌雄异株；雄花序为柔荑花序，粗壮，长 3~8 厘米，苞片为披针形，被毛，花被 4 裂，裂片为三角状卵形，被毛，雄蕊 4 枚，花药近球形；雌花序球形头状，苞片棍棒状，顶端被毛，花被管状，顶端与花柱紧贴，子房卵圆形，柱头线形，被毛。花期 4—5 月。

果：聚花果直径 1.5~3 厘米，成熟时呈红色，肉质；瘦果有等长的柄，表面有小瘤，龙骨双层，外果皮壳质。果期 6—7 月。

生长习性与栽培特点：喜光，适应性强，耐干旱瘠薄，也能生于水边，多生于石灰岩山地，可在酸性土及中性土中生长；耐烟尘，抗大气污染力强。用播种或扦插方法繁殖。为克服雌株多浆的果实在成熟时大量落果，影响环境卫生，可利用雄株作接穗，培育嫁接苗。

景观效果：构树是城乡绿化的重要树种，尤其适合用作矿区及荒山坡地绿化，亦可选作庭荫树及防护林用。

构树 株型

构树 枝干

构树 叶

构树 花

构树 果

构树 景观效果

荷花玉兰

别名：广玉兰、洋玉兰

科属分类：木兰科　木兰属

株型：常绿乔木，在原产地高达 30 米。

枝干：树皮呈淡褐色或灰色，薄鳞片状并开裂。小枝粗壮，具横隔的髓心；小枝、芽、叶下、叶柄均密被褐色或灰褐色短绒毛（幼树的叶下面无毛）。

叶：叶厚革质，椭圆形、长圆状椭圆形或倒卵状椭圆形，长 10~20 厘米，宽 4~7(10) 厘米，先端钝，基部楔形，叶面深绿色，有光泽；侧脉每边 8~10 条；叶柄长 1.5~4 厘米，无托叶痕，具深沟。

花：花白色，有芳香，直径 15~20 厘米；花被 9~12 片，厚肉质，倒卵形，长 6~10 厘米，宽 5~7 厘米；雄蕊长约 2 厘米，花丝扁平，紫色，花药内向，药隔伸出成短尖；雌蕊群近椭圆形，密被长绒毛；心皮为卵形，长 1~1.5 厘米；花柱呈卷曲状。花期 5—6 月。

果：聚合果为圆柱状长圆形或卵圆形，长 7~10 厘米，径 4~5 厘米，密被褐色或淡灰黄色绒毛；蓇葖背裂，背面圆，顶端外侧具长喙；种子近卵圆形或卵形，长约 14 毫米，径约 6 毫米，外种皮为红色，除去外种皮的种子，顶端延长成短颈。果期 9—10 月。

生长习性与栽培特点：喜温暖湿润气候，不耐碱土。在肥沃、深厚、湿润而排水良好的酸性或中性土壤中生长良好。可通过播种、压条和嫁接进行繁殖。荷花玉兰大树移栽以早春为宜，但以梅雨季节最佳。春节过后半月左右，荷花玉兰尚处于休眠期，树液流动慢，新陈代谢缓慢，此时即可移栽。土球大小是荷花玉兰移栽成败的关键，在华东地区土球直径一般为树木胸径的 8~10 倍，这样可以保证根系少受损伤，易于树势恢复。荷花玉兰在挖运、栽植时要求迅速、及时，以免失水过多而影响成活。移栽后，浇第一次定根水要及时，并且要浇足、浇透，这样可使根系与土壤充分接触而有利于大树成活。修枝应修掉内膛枝、重叠枝和病虫枝，并力求保持树形的完整；摘叶以摘掉枝条叶片量的 1/3 为宜，否则会降低蒸腾拉力，造成根系吸水困难。

景观效果：荷花玉兰树姿雄伟壮丽，叶大荫浓，花似荷花，芳香馥郁，可作园景树、行道树、庭荫树，为美丽的园林绿化观赏树种，宜孤植、丛植或成排种植。荷花玉兰还能耐烟抗风，对二氧化硫等有毒气体有较强的抗性，故又是净化空气、保护环境的优良树种。

荷花玉兰 株型

荷花玉兰 树皮

荷花玉兰 枝干

荷花玉兰 叶

荷花玉兰 花

荷花玉兰 景观效果

荷花玉兰 果

海棠花

别名：海棠

科属分类：蔷薇科 苹果属

株型：乔木，高可达8米。

枝干：小枝粗壮，圆柱形，幼时具短柔毛，逐渐脱落，老时为红褐色或紫褐色，无毛；冬芽卵形，先端渐尖，微被柔毛，紫褐色，有数枚外露鳞片。

叶：叶片由椭圆形至长椭圆形，长5~8厘米，宽2~3厘米，先端短渐尖或圆钝，基部为宽楔形或近圆形，边缘有紧贴细锯齿，有时部分近于全缘，幼嫩时上下两面具稀疏短柔毛，以后脱落，老叶无毛；叶柄长1.5~2厘米，具短柔毛；托叶膜质，窄披针形，先端渐尖，全缘，内面具长柔毛。

花：花序近伞形，有花4~6朵，花梗长2~3厘米，具柔毛；苞片膜质，披针形，早落；花直径4~5厘米；萼筒外面无毛或有白色绒毛；萼片三角卵形，先端急尖，全缘，外面无毛或偶有稀疏绒毛，内面密被白色绒毛，萼片比萼筒稍短；花瓣卵形，长2~2.5厘米，宽1.5~2厘米，基部有短爪，白色，在芽中呈粉红色；雄蕊20~25枚，花丝长短不等，长约花瓣之半；花柱5个，稀少时4个，基部有白色绒毛，比雄蕊稍长。花期4—5月。

果：果实近球形，直径2厘米，黄色，萼片宿存，基部不下陷，梗洼隆起；果梗细长，先端肥厚，长3~4厘米。果期8—9月。

生长习性与栽培特点：海棠花性喜阳光，不耐阴，忌水湿，极为耐寒，对严寒及干旱气候有较强的适应性。常用播种、分株和嫁接方法繁殖，以嫁接为主，也可采用压条与分株，播种法仅用于育种。一般栽植的大苗要带土球，小苗要根据情况留宿土。苗木栽植后要加强抚育管理，经常保持土壤疏松肥沃。

景观效果：海棠花自古以来就是雅俗共赏的名花，素有"花中神仙""花贵妃""花尊贵"之称，在皇家园林中常与玉兰、牡丹、桂花相配植，呈现"玉棠富贵"的意境。海棠花宜植人行道两侧、亭台周围、丛林边缘、水滨池畔等。海棠花可作为制作盆景的材料，切枝可供瓶插及其他装饰之用。

海棠花 株型

海棠花 枝干

海棠花 叶

海棠花 花

海棠花 果

海棠花 景观效果

合欢

别名：夜合欢、马缨花、绒花树、鸟绒、合昏、绒树、刺拐棒、一百针、五加参、俄国参、西伯利亚人参、老虎潦

科属分类：豆科　合欢属

株型：落叶乔木，高可达 16 米，树冠开展。

枝干：小枝有棱角，嫩枝被绒毛或短柔毛，树干灰黑色。

叶：托叶呈线状披针形，较小叶小，早落。复叶为二回羽状，总叶柄近基部及最顶一对羽片着生处各有 1 枚腺体；羽片 4~12 对，栽培的合欢有时达 20 对；小叶 10~30 对，线形至长圆形，长 6~12 毫米，宽 1~4 毫米，向上偏斜，先端有小尖头，有缘毛，有时在下面或仅中脉上有短柔毛；中脉紧靠上边缘。

花：花美，形似绒球，头状花序于枝顶排成圆锥形；花粉红色；花萼管状，长 3 毫米；花冠长 8 毫米，裂片为三角形，长 1.5 毫米；花萼、花冠外均被短柔毛；花丝长 2.5 厘米。花期 6—7 月。

果：荚果为带状，长 9~15 厘米，宽 1.5~2.5 厘米，嫩荚有柔毛，老荚无毛。果期 8—10 月。

生长习性与栽培特点：合欢喜温暖湿润和阳光充足的环境，对气候和土壤适应性强，宜在排水良好、肥沃的土壤中生长，但也耐瘠薄的砂质土壤和干旱气候，但不耐水涝。合欢常采用播种繁殖，育苗方法包括营养钵育苗和圃地育苗。

景观效果：树形优美，羽叶雅致，盛夏红色的绒花开满树，是优良的城乡绿化及观赏树种，尤宜作庭荫树及行道树。

合欢 株型

合欢 树干

合欢 花

合欢 叶

合欢 果

合欢 景观效果

红枫

别名：红颜枫、紫红鸡爪槭、红枫树、红叶、小鸡爪槭

科属分类：槭属 槭树科

株型：红枫为槭树科鸡爪槭的变型，是落叶小乔木，树高 2~8 米。

枝干：树姿开张，小枝细长。树皮光滑，呈灰褐色。枝条多细长光滑，偏紫红色。裂片呈卵状披针形，先端尾状尖，缘有重锯齿。

叶：早春发芽时，嫩叶艳红，密生白色软毛，叶片舒展后渐脱落，叶色亦由艳丽转淡紫色甚至泛暗绿色。叶片呈卵状，披针形。有 5~7 个深裂纹，直径 5~10 厘米。

花：为伞房花序，杂性花，尾部呈穗状。花期 4~5 月。

果：翅果，幼时呈紫红色，成熟后为黄棕色，其形状为球形，果熟期 10 月。

生长习性与栽培特点：红枫为亚热带树种，性喜光，忌烈日暴晒，又喜温暖湿润的气候和深厚肥沃的土壤，不耐水涝，稍耐旱，较耐寒，在我国大部分地区都能露地越冬。可运用嫁接之法，用 2~4 年生的鸡爪槭实生苗作砧木，切接宜在 3—4 月进行，也可用扦插法进行繁殖，特别在制作小型盆景或盆栽时最好用此法。

景观效果：红枫属于观叶树种，其叶子极为优美，叶形漂亮，颜色亮丽，错落有致，可作为园林绿地中的观赏性树种，用途广泛，以弧植、散植为主，宜布置在大草坪中央、高大建筑物前后等地，红叶绿树相映成趣，也可作为盆栽，呈现悬崖、倚石、露根的形状。它最大的特点就是秋季变色，即由正常绿色变为红色，古人的诗句"霜叶红于二月花"就是例证。但是中国红枫大部分都是播种苗，变异性比较大，而且随地域的差异，变色效果差异比较明显，甚至同一地方不同苗木之间差异也很大，如变色色彩不是很鲜明，红色不是很正，且其间总会有杂色，观赏效果一般。

红枫 株型

红枫 枝干

红枫 叶

红枫 花

红枫 果

红枫 景观效果

胡桃

别名： 羌桃　胡桃

科属分类： 胡桃科　胡桃属

株型： 乔木，高达 20~25 米。

枝干： 树干较别的种类矮，树冠广阔；树皮幼时为灰绿色，老时则为灰白色而纵向浅裂；小枝无毛，具光泽，被盾状着生的腺体，灰绿色，后来带褐色。

叶： 奇数羽状复叶长 25~30 厘米，叶柄及叶轴幼时被极短的腺毛及腺体；小叶通常 5~9 枚，稀疏者为 3 枚，呈椭圆状卵形至长椭圆形，长 6~15 厘米，宽 3~6 厘米，顶端钝圆或急尖、短渐尖，基部歪斜，近于圆形，边缘全缘或在幼树上者具稀疏细锯齿，上面为深绿色，无毛，下面为淡绿色，侧脉 11~15 对，脉内具簇短柔毛，侧生小叶具极短的小叶柄或近无柄，生于下端者较小，顶生小叶常具长 3~6 厘米的小叶柄。

花： 雄性荚蒉花序下垂，长 5~10 厘米，稀疏者达 15 厘米。雄花的苞片、小苞片及花被片均被腺毛；雄蕊 6~30 枚，花药黄色，无毛。雌性穗状花序通常具 1~3(4) 朵雌花。雌花的总苞被极短腺毛，柱头浅绿色。花期 5 月。

果： 果序短，具 1~3 个果实；果实近于球状，直径 4~6 厘米，无毛；果核稍具皱曲，有 2 条纵棱，顶端具短尖头；隔膜较薄，内里无空隙。果期 10 月。

生长习性与栽培特点： 胡桃喜光，耐寒，抗旱、抗病能力强，适应多种土壤，喜肥沃湿润的砂质土壤，喜水、肥，但对水肥要求不严，落叶后至发芽前不宜剪枝，否则易产生伤流。以嫁接繁殖为主。

景观效果： 胡桃树冠开展，浓荫覆地，姿态魁伟美观，是优良的园林结合生产树种。宜株丛植于庭院、公园、草坪、池畔、建筑旁；在居民新村、风景疗养区亦可用作庭荫树、行道树。秋叶金黄色，宜在风景区作为风景林装点秋色。

胡桃 株型

胡桃 枝干

胡桃 叶

胡桃 果（未熟）

胡桃 景观效果

槐

别名：国槐、槐花树、槐花木、豆槐、金药树

科属分类：豆科 槐属

株型：乔木，高达25米。

枝干：树皮呈灰褐色，具纵裂纹。当年生枝为绿色，无毛。

叶：羽状复叶长达25厘米；叶轴初被疏柔毛，旋即脱净；叶柄基部膨大，包裹着芽；托叶形状多变，有时呈卵形，有时呈线形，早落；小叶4~7对，对生或近互生，纸质，为卵状披针形或卵状长圆形，长2.5~6厘米，宽1.5~3厘米，先端渐尖，具小尖头，基部为宽楔形或近圆形，稍偏斜，下面呈灰白色，初被疏短柔毛，后无毛。

花：圆锥花序顶生，常呈金字塔形，长达30厘米；花梗比花萼短；小苞片2枚，形似小托叶；花萼为浅钟状，长约4毫米，萼齿5个，近等大，圆形或钝三角形，被灰白色短柔毛，萼管近无毛；花冠为白色或淡黄色，旗瓣近圆形，长和宽约11毫米，具短柄，有紫色脉纹，先端微缺，基部浅心形，翼瓣卵状长圆形，长10毫米，宽4毫米，先端浑圆，基部斜戟形，无皱褶，龙骨瓣为阔卵状长圆形，与翼瓣等长，宽达6毫米；雄蕊近分离，宿存；子房近无毛。花期7—8月。

果：荚果串珠状，长2.5~5厘米或稍长，径约10毫米，种子间缢缩不明显，种子排列较紧密，具肉质果皮，成熟后不开裂，具种子1~6粒；种子卵球形，淡黄绿色，干后为黑褐色。果期为8—10月。

生长习性与栽培特点：喜光，略耐阴，性耐寒，不耐阴湿。抗干旱、瘠薄，喜肥沃深厚、排水良好的砂质土壤，耐轻盐碱土。根系发达，萌芽力强。一般用播种法繁殖。扦插时间与埋根育苗相同，也可稍早。

景观效果：槐树冠广阔，枝叶茂密，寿命长而又适应城市环境，因而是良好的庭荫树和行道树。由于耐烟毒能力强，又是厂矿区的良好绿化树种。花富蜜汁，是夏季的重要蜜源树种。龙爪槐是中国庭院绿化中的传统树种之一，富于民族特色的情调，常成对配植于门前或庭院中，又宜植于建筑前或草坪边缘。

槐 株型

槐 枝干

槐 叶

槐 花

槐 果

槐 景观效果

鸡爪槭

别名：鸡爪枫、槭树、落叶小乔木、七角枫、青枫、鸦枫、小叶五角鸦枫、日本红枫

科属分类：槭科 槭树科

株型：落叶小乔木，树冠伞形。

枝干：树皮平滑，深灰色。小枝细瘦，常呈淡紫绿色，老枝多呈淡灰紫色。

叶：叶片为纸状质感，对生；直径 7~10 厘米，基部为心脏形或近于心脏形，少量为截形，叶片常见 7 裂，裂片大多呈长卵形或披针形，先端尖锐或长尖锐，边缘具紧贴的小锯齿；裂片间隙可达叶片直径的 1/2 或 1/3；上面深绿色，无毛；下端呈淡绿色，叶脉分布白色柔毛；叶柄长 4~6 厘米，细瘦无毛。

花：花色紫红，杂性，雄花与两性花同株，总花梗长 2~3 厘米；叶发出以后才开花，花瓣分为五瓣，呈倒卵形或椭圆形，先端钝圆，无毛，藏于花瓣内；花梗细瘦无毛。花期 9 月。

果：翅果嫩时为紫红色，成熟时为淡棕黄色。球形小坚果直径约 7 毫米，有明显脉纹；翅与小坚果总长 2 厘米或稍长，宽 1 厘米，张开时呈钝角。果期 5 月。

生长习性与栽培特点：鸡爪槭产于中国长江流域，北达山东，南至浙江，分布较广，生长于海拔 200~1200 米的林边或疏林中，朝鲜半岛和日本也有分布。属弱阳性树种，可耐半阴，惧暴晒，耐酸碱，不耐涝，较抗旱，比较适合栽种于湿润和腐殖质较为丰富的土壤中。鸡爪槭对二氧化硫和烟尘有明显的抗性。多用播种和嫁接方法繁殖。在秋天播种或层积至第二年春天。原种常采用播种法，园艺变种多用嫁接法。

景观效果：鸡爪槭可作为行道树和观赏性树种，是较好的"四季"绿化树种，树姿优美，叶形清丽。在园林绿化中，常与不同品种搭配在一起，也可在常绿树丛中杂以槭类品种，营造"万绿丛中一点红"的景观；或常植于草坪、溪边、池畔、山麓来显示风姿；还可植于花坛中作主景树，或以盆栽形式用于美化室内，也颇具自然淡雅之趣。

鸡爪槭 株型

鸡爪槭 枝干

鸡爪槭 叶

鸡爪槭 花

鸡爪槭 果

鸡爪槭 景观效果

君迁子

别名：黑枣、软枣

科属分类：柿科 柿属

株型：落叶乔木，高可达 30 米，胸径可达 1.3 米；树冠近球形或扁球形。

枝干：树皮呈灰黑色或灰褐色，有深裂或不规则的厚块状剥落；小枝呈褐色或棕色，有纵裂的皮孔；嫩枝通常呈淡灰色，有时带紫色，平滑或有时有黄灰色短柔毛。

叶：叶近膜质，椭圆形至长椭圆形，长 5~13 厘米，宽 2.5~6 厘米，先端渐尖或急尖，基部钝，为宽楔形以至近圆形，上面呈深绿色，有光泽，初时有柔毛，但后渐脱落，下面呈绿色或粉绿色，有柔毛，且在脉上较多，或无毛。中脉下部平坦或下陷，有微柔毛。侧脉纤细，每边 7~10 条，上面稍下陷，下面略凸起。小脉很纤细，连接成不规则的网状。叶柄长 7~15(18) 毫米，有时有短柔毛，上面有沟。

花：雄花 1~3 朵腋生或簇生，近无梗，长约 6 毫米；花萼为钟形，常为 4 裂，偶有 5 裂，裂片卵形，先端急尖，内面有绢毛，边缘有睫毛；花冠为壶形，带红色或淡黄色，长约 4 毫米，无毛或近无毛，雄蕊 16 枚，每 2 枚连生成对，腹面 1 枚较短，无毛；花药披针形，长约 3 毫米，先端渐尖；药隔两面都有长毛；子房退化；雌花单生，几无梗，淡绿色或带红色；退化雄蕊 8 枚，着生花冠基部，长约 2 毫米，有白色粗毛；子房除顶端外无毛，8 室；有花柱 4 个。花期 5—6 月。

果：果近球形或椭圆形，基部常有宿存的星芒状毛，直径 1~2 厘米，初熟时为淡黄色，后则变为蓝黑色，常有白色薄蜡层，8 室；果翅狭，条形或阔条形，长 12~20 毫米，宽 3~6 毫米，有近于平行的脉。种子长圆形，长约 1 厘米，宽约 6 毫米，褐色，侧扁，背面较厚；宿存萼裂片 4 个，深裂至中部，裂片卵形，长约 6 毫米，先端钝圆。果期 10—11 月。

生长习性与栽培特点：为阳性树种，能耐半阴，枝叶多呈水平伸展，抗寒抗旱的能力较强，也耐瘠薄的土壤，生长较快，寿命较长。浅根系，但根系发达，移栽头三年内生长较慢，三年后则长势迅速。

景观效果：君迁子广泛作为庭荫树或行道树。

君迁子 株型

君迁子 枝干

君迁子 叶

君迁子 花

君迁子 景观效果

君迁子 果

楝

别名：苦楝、楝树、紫花树、森树

科属分类：楝亚科　楝属

株型：落叶乔木，高达 10~20 米。

枝干：树皮呈灰褐色，纵裂。分枝广展，小枝有叶痕。

叶：叶互生，叶为 2~3 回奇数羽状复叶，长 20~40 厘米；小叶对生，为卵形、椭圆形至披针形，顶生一片通常略大，长 3~7 厘米，宽 2~3 厘米，先端短，渐尖，基部为楔形或宽楔形，偏斜，边缘有钝锯齿，幼时被星状毛，后两面均无毛，侧脉每边 12~16 条，广展，向上斜举。老叶无毛。

花：圆锥花序约与叶等长，无毛或幼时被鳞片状短柔毛；花芳香；花萼有 5 个深裂，裂片为卵形或长圆状卵形，先端急尖，外面被微柔毛；花瓣为淡紫色，倒卵状匙形，长约 1 厘米，两面均被微柔毛，通常外面较密；雄蕊管呈紫色，无毛或近无毛，长 7~8 毫米，有纵细脉，管口有钻形、2~3 齿裂的狭裂片 10 枚；花药 10 枚，着生于裂片内侧，且与裂片互生，长椭圆形，顶端微凸尖；子房近球形，5~6 室，无毛，每室有胚珠 2 枚；花柱细长，柱头头状，顶端具 5 齿，不伸出雄蕊管。花期为 4—5 月。

果：核果为球形至椭圆形，长 1~2 厘米，宽 8~15 毫米，内果皮木质，4~5 室，每室有种子 1 颗；种子为椭圆形。果期 10—12 月。

生长习性与栽培特点：喜温暖、湿润气候，喜光，不耐阴，较耐寒，耐干旱、瘠薄，也能生长于水边，但以在深厚、肥沃、湿润的土壤中生长较好。对土壤要求不严，繁殖多用播种法。

景观效果：楝树形优美，叶形秀丽，春夏之交开淡紫色花朵，颇美丽，且有淡香，宜作庭荫树及行道树；加之耐烟尘，抗二氧化硫，是良好的城市及工矿区绿化树种，也是平原及低海拔丘陵区的良好造林树种，宜在草坪孤植、丛植，或配植于池边、路旁、坡地。

棟 株型

棟 枝干

棟 叶

棟 花

棟 果

棟 景观效果

柳杉

别名：长叶孔雀松

科属分类：杉科 柳杉属

株型：乔木，高达 40 米，胸径可达 2 米多。

枝干：树皮呈红棕色，纤维状，裂成长条片脱落。大枝近轮生，平展或斜展；小枝细长，常下垂，绿色，枝条中部的叶较长，常向两端逐渐变短。

叶：叶为钻形，略向内弯曲，先端内曲，四边有气孔线，长 1~1.5 厘米。果枝的叶通常较短，有时长不及 1 厘米，幼树及萌芽枝的叶长达 2.4 厘米。

花：雄球花为长椭圆形，长约 7 毫米，集生于小枝上部，成短穗状花序；雌球花顶生于短枝上。花期 4 月。

果：球果为圆球形或扁球形，径 1.2~2 厘米，多为 1.5~1.8 厘米；种鳞 20 个左右，上部有 4~5 个（或 6~7 个）短三角形裂齿，齿长 2~4 毫米，基部宽 1~2 毫米，鳞背中部或中下部有一个三角状分离的苞鳞尖头，尖头长 3~5 毫米，基部宽 3~14 毫米，能育的种鳞有 2 粒种子；种子为褐色，近椭圆形，扁平，长 4~6.5 毫米，宽 2~3.5 毫米，边缘有窄翅。球果 10 月成熟。

生长习性与栽培特点：柳杉中等喜光；喜欢温暖湿润、云雾弥漫、夏季较凉爽的山区气候；喜深厚肥沃的砂质土壤，忌积水。可通过播种和扦插繁殖，种苗移栽在冬季至早春时进行，大苗要带土球。生长期保持土壤湿润，施肥 1~2 次，冬季适当修剪，剪除枯枝和密枝，保持优美株形。造林地应选择在气候凉爽多雾的山区缓坡的中、下部和冲沟、洼地以及排水良好的地方，土层要较深厚湿润，质地较好，疏松肥沃；山顶、山脊和土壤瘠薄的地方，不宜栽植。缓坡地区宜为带状整地，带宽 0.6~0.8 米，深 30 厘米，带间距离依株行距而定；陡坡地带宜为大块状整地，规格为 50×50×40 厘米以上。柳杉可与杉木营造混交林，混交方式常采用单行混交或单双行混交。柳杉幼龄能稍耐阴，在温暖湿润的气候和土壤酸性、肥厚而排水良好的山地，生长较快；在寒凉较干、土层贫瘠的地方生长不良。

景观效果：柳杉是常绿乔木，树姿秀丽，纤枝略垂，树形圆整高大，最适于列植、对植，或于风景区内大面积群植，是良好的绿化和环保树种。

柳杉 株型

柳杉 枝干

柳杉 叶

柳杉 花

柳杉 果

柳杉 景观效果

龙柏

别名：龙爪柏、爬地龙柏、匍地龙柏

科属分类：柏科　圆柏属

株型：常绿乔木，高可达 21 米，胸径达 3.5 米。

枝干：树皮为深灰色，纵裂；幼树的枝条通常斜上伸展，形成尖塔形树冠，老龄树则下部大枝平展，形成广圆形的树冠，树皮裂成不规则的薄片脱落；小枝通常直或稍成弧状弯曲，生鳞叶的小枝近圆柱形或近四棱形，小枝密集，扭曲上伸。

叶：为二型叶，即刺叶及鳞叶；刺叶生于幼树之上，老龄树则全为鳞叶，壮龄树兼有刺叶与鳞叶；一年生小枝的一回分枝的鳞叶三叶轮生，直而紧密，近披针形，先端渐尖，长 2.5~5 毫米，背面近中部有椭圆形微凹的腺体；刺叶三叶交互轮生，斜展，疏松，披针形，先端渐尖，长 6~12 毫米，上面微凹，有两条白粉色带。

花：雌雄异株，很少同株，雄球花黄色，椭圆形，长 2.5~3.5 毫米，雄蕊 5~7 对，常有 3~4 株花药。球果近圆球形，径 6~8 毫米，两年成熟，熟时呈暗褐色，被白粉或白粉脱落，有 1~4 粒种子；种子卵圆形，扁，顶端钝，有棱脊及少数树脂槽；子叶 2 枚，出土，条形，长 1.3~1.5 厘米，宽约 1 毫米，先端锐尖，下面有两条白色气孔带，上面则不明显。

果：浆质球果，表面有一层碧蓝色的蜡粉，内藏 2 颗种子。

生长习性与栽培特点：喜阳，稍耐阴。喜温暖、湿润的环境，抗寒，抗干旱，忌积水，排水不良时易落叶或生长不良。适生于干燥、肥沃、深厚的土壤，对土壤酸碱度适应性强，较耐盐碱。对氧化硫和氯抗性强，但对烟尘的抗性较差。采用嫁接和扦插法繁殖。扦插繁殖分为硬枝和半熟枝扦插，在培养期需立引杆，注意修剪、摘心、扎枝。柏苗大棚内气温在 14℃ ~20℃，湿度在 50%~70% 较为理想。以竹子为骨架，罩上无滴膜，这样可保障幼苗生长环境的温湿度，对成活十分有利。嫁接后砧木要分次修剪，植好苗后，先浇水，第一次剪砧木要剪去砧木总高三分之一（从嫁接处至梢顶），第二次剪去已留高度的一半，第三次在龙柏新梢长到 12~16 厘米时，在嫁接处上留 0.8~1 厘米，剪掉上部，时间在嫁接后 45 天左右。龙柏幼时生长较慢，3~4 年后生长加快，树干高达 3 米以后，长势又逐渐减弱，喜欢大肥大水，栽植成活后，结合灌溉，第一年追肥 2~3 次。龙柏可整形修剪成多种形状，但应注意树木的形体要与四周园景协调，线条不宜过于烦琐，以轮廓鲜明简练为佳。

景观效果：龙柏树形优美，枝叶碧绿青翠，宜作丛植或行列栽植，常种植在公园、庭院、绿墙和高速公路中央隔离带。龙柏移栽成活率高，恢复速度快，是园林绿化中使用最多的灌木，其本身青翠油亮，生长健康旺盛，观赏价值高。

龙柏 株型

龙柏 枝干

龙柏 叶

龙柏 花

龙柏 果

龙柏 景观效果

龙爪槐

别名：蟠槐、倒栽槐、盘槐、垂槐

科属分类：豆科 槐属

株型：落叶乔木。

枝干：树冠如伞，状态优美，枝条构成盘状，上部蟠曲如龙。老树奇特苍古，树势较弱，主侧枝差异性不明显，大枝弯曲扭转，小枝下垂，冠层可达 50~70 厘米厚，层内小枝易干枯。

叶：与 22 页槐相近。

花：与 22 页槐相近。

果：与 22 页槐相近。

生长习性与栽培特点：喜光，稍耐阴。能适应干冷气候。喜生于土层深厚、湿润肥沃、排水良好的砂质土壤。深根性，根系发达，抗风力强，萌芽力亦强，寿命长。在 4 月下旬至 5 月中旬自龙爪槐上年的生枝上采取休眠芽作接穗，接于槐树的 1~2 年新枝上，此外亦可在 7 月上、中旬用当年的新生芽进行芽接。

景观效果：龙爪槐姿态优美，是优良的园林树种，宜孤植、对植、列植。龙爪槐寿命长，适应性强，观赏价值高，故在园林绿化上应用较多，常作为门庭树及道旁树，或作庭荫树，或植于草坪中作观赏树。节日期间，若在树上配挂彩灯，则更显得富丽堂皇。若采用矮干盆栽观赏，则显得柔和潇洒。开花季节，米黄色花序布满枝头，花芳香，似黄伞蔽目，则更加美丽可爱。

龙爪槐 株型

龙爪槐 枝干

龙爪槐 叶

龙爪槐 花

龙爪槐 果

龙爪槐 景观效果

栾树

别名：木栾、栾华、五乌拉叶、乌拉、黑色叶树、乌拉胶、石栾树、黑叶树、木栏牙

科属分类：无患子科 栾树属

株型：落叶乔木或灌木。

枝干：树皮厚，呈灰褐色至灰黑色，老时纵裂；皮孔小，呈灰至暗褐色；小枝具疣点，与叶轴、叶柄均被皱曲的短柔毛或无毛。

叶：叶丛生于当年生枝上，平展，一回、不完全二回或偶有为二回羽状复叶，长可达 50 厘米；小叶 (7)11~18 片，顶生小叶有时与最上部的一对小叶在中部以下合生，无柄或具极短的柄，对生或互生，纸质，卵形、阔卵形至卵状披针形，长 (3)5~10 厘米，宽 3~6 厘米，顶端短尖或短渐尖，基部钝至近截形，边缘有不规则的钝锯齿，齿端具小尖头，有时近基部的齿疏离呈缺刻状，或羽状深裂达中肋而形成二回羽状复叶，上面仅中脉上散生皱曲的短柔毛，下面在脉腋具髯毛，有时小叶背面被柔毛。

花：聚伞圆锥花序长 25~40 厘米，密被微柔毛，分枝长而广展，在末次分枝上的聚伞花序具花 3~6 朵，密集呈头状；苞片狭，为披针形，被小粗毛；花淡黄色，稍芬芳；花梗长 2.5~5 毫米；萼裂片为卵形，边缘具腺状缘毛，呈啮蚀状；有 4 个花瓣，开花时向外反折，线状长圆形，长 5~9 毫米，瓣爪长 1~2.5 毫米，被长柔毛，瓣片基部的鳞片初时为黄色，开花时为橙红色，有参差不齐的深裂，被疣状皱曲的毛；雄蕊 8 枚，在雄花中的长 7~9 毫米，雌花中的长 4~5 毫米，花丝下半部密被白色、开展的长柔毛；花盘偏斜，有圆钝小裂片；子房为三棱形，除棱上具缘毛外无毛，退化子房密被小粗毛。花期 6—8 月。

果：蒴果为圆锥形，状似灯笼，具 3 棱，长 4~6 厘米，顶端渐尖，果瓣为卵形，外面有网纹，内面平滑且略有光泽；种子近球形，直径 6~8 毫米。果期 9—10 月。

生长习性与栽培特点：栾树是一种喜光、稍耐半阴的植物；耐寒，但是不耐水淹，耐干旱和瘠薄，对环境的适应性强，喜欢生长于石灰质土壤中，耐盐渍及短期水涝。栾树具有深根性，萌蘖力强，生长速度中等，幼树生长较慢，以后渐快，有较强抗烟尘能力。栾树病虫害少，栽培管理容易，栽培土质以深厚、湿润的土壤最为适宜。繁殖以播种为主，分蘖、根插也可。移植时适当剪短主根及粗侧根，这样可以促进多发须根，容易成活。秋季果熟时采收，及时晾晒去壳净种。因种皮坚硬不易透水，如不经处理就第二年进行春播，常不发芽或发芽率很低。故最好当年秋季播种，经过一冬后第二年春天发芽，也可用湿沙层积埋藏，越冬后春播。

景观效果：栾树春季嫩叶多为红叶，夏季黄花满树，入秋叶色变黄，果实紫红，形似灯笼，十分美丽；栾树适应性强，季相明显，是理想的绿化、观叶树种。春季观叶、夏季观花，秋冬观果，已大量将其作为庭荫树、行道树及园景树，同时也将其作为居民区、工厂区及村旁绿化树种。

栾树 株型

栾树 枝干

栾树 叶

栾树 花

栾树 果

栾树 景观效果

罗汉松

别名：长青罗汉杉、土杉

科属分类：罗汉松科　罗汉松属

株型：乔木，高达 20 米，胸径达 60 厘米。

枝干：树皮呈灰色或灰褐色，浅纵裂，成薄片状脱落；枝开展或斜展，较密。

叶：叶螺旋状着生，条状披针形，微弯，长 7~12 厘米，宽 7~10 毫米，先端尖，基部为楔形，上面深绿色，有光泽，中脉显著隆起，下面带白色、灰绿色或淡绿色，中脉微隆起。小乔木或成灌木状，枝条向上斜展。叶短而密生，长 2.5~7 厘米，宽 3~7 毫米，先端钝或圆。

花：雄球花穗状，腋生，常 3~5 个簇生于极短的总梗上，长 3~5 厘米，基部有数枚三角状苞片；雌球花单生叶腋，有梗，基部有少数苞片。花期 4—5 月。

果：种子为卵圆形，径约 1 厘米，先端圆，熟时肉质假种皮呈紫黑色，有白粉，肉质种托为圆柱形，红色或紫红色，柄长 1~1.5 厘米。种子 8—9 月成熟。

生长习性与栽培特点：罗汉松喜温暖湿润气候，耐寒性弱，耐阴性强，喜排水良好湿润之砂质土壤，对土壤适应性强，在盐碱土中亦能生存，对二氧化硫、硫化氢、氧化氮等多种有害气体抗性较强，抗病虫害能力强。常用播种和扦插繁殖。播种后，种子能在 40 天左右发芽；扦插种植在春秋两季进行，有嫩枝扦插和硬枝扦插。移植以春季 3—4 月最适宜，小苗需带土，大苗带土球，也可盆栽，栽后应浇透水。罗汉松喜水，夏季每天傍晚或清晨浇一次透水，并于午后加喷一次叶面水；春秋季气温在 25℃以下时，一般 2~3 天浇一次透水。冬季为减少养护麻烦，可将盆埋入地下，浇透水，以后根据盆内干湿情况适当补水。罗汉松是轮生枝，根据主干已定形的势，剪除乱枝，在合适部位保留 2~3 个分枝，用金属丝绑枝，使主枝略下垂，发枝力不强。每年 6 月、7 月各修剪一次，平时以摘心为主。为提高成型罗汉松的观赏价值，3 月份要摘除罗汉松老叶，摘时保留柄，刺激腋芽生长得新嫩而青翠。

景观效果：古朴的罗汉松种子与种柄组合奇特，惹人喜爱，寺庙、宅院多有种植。可门前对植，中庭孤植，或于墙垣一隅与假山、湖石相配。罗汉松可用于花台栽植，亦可植于花坛或盆栽陈列于室内欣赏。小叶罗汉松还可作为庭院绿篱栽植。

罗汉松 株型

罗汉松 枝干

罗汉松 叶

罗汉松 花

罗汉松 景观效果

罗汉松 果

毛白杨

别名：大叶杨、响杨

科属分类：杨柳科　杨属

株型：落叶乔木，高达 30 米。

枝干：树皮幼时为暗灰色，壮时为灰绿色，渐变为灰白色，老时基部为黑灰色，纵裂，粗糙，干直或微弯，皮孔菱形散生，或 2~4 个连生；树冠为圆锥形至卵圆形或圆形。侧枝开展，雄株斜上，老树枝下垂；小枝初被灰毡毛，后光滑。

叶：长枝叶呈阔卵形或三角状卵形，长 10~15 厘米，宽 8~13 厘米，先端短，渐尖，基部心形或截形，边缘有深齿牙缘或波状齿牙缘，上面呈暗绿色，光滑，下面密生毡毛，后渐脱落；叶柄上部侧扁，长 3~7 厘米，顶端通常有 (2)3~4 个腺点；短枝叶通常较小，长 7~11 厘米，宽 6.5~10.5 厘米，有时长达 18 厘米，宽达 15 厘米，卵形或三角状卵形，先端渐尖，上面呈暗绿色，有金属光泽，下面光滑，具深波状齿牙缘；叶柄稍短于叶片，侧扁，先端无腺点。

花：花芽卵圆形或近球形，微被毡毛。雄花序长 10~14(20) 厘米，雄花苞片约具 10 个尖头，密生长毛，雄蕊 6~12 枚，花药红色；雌花序长 4~7 厘米，苞片褐色，尖裂，沿边缘有长毛；子房长椭圆形，柱头 2 裂，粉红色。花期 3 月。

果：果序长达 14 厘米；蒴果为圆锥形或长卵形，2 瓣裂。果期 4—5 月，其中河南、陕西 4 月，河北、山东 5 月。

生长习性与栽培特点：分布广泛，以黄河流域中、下游为中心分布区。喜生长于海拔 1500 米以下的温和平原地区。雌株以河南省中部最为常见，山东次之，其他地区较少，北京近年来引进雌株。深根性，耐旱力较强，能在较多类型土壤中生长，在水源充足、土壤肥沃的地方生长最快，20 年生即可成材，为我国良好的速生树种之一。可用播种、插条（须加处理）、埋条、留根、嫁接等繁殖方法进行育苗造林。

景观效果：毛白杨材质好，生长快，寿命长，较耐干旱和盐碱。树姿雄壮，冠形优美，是为各地群众所喜欢栽植的优良庭院绿化树种或行道树种，也可作为华北地区速生用材造林树种。

毛白杨 枝干

毛白杨 株型

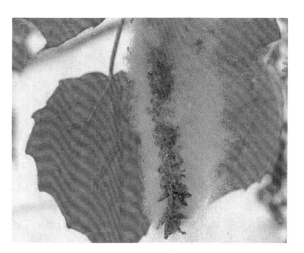

毛白杨 花

毛白杨 叶

毛白杨 果

毛白杨 景观效果

毛泡桐

别名：紫花泡桐

科属分类：玄参科　泡桐属

株型：乔木高达 20 米，树冠宽大，呈伞形。

枝干：树皮呈褐灰色；小枝有明显皮孔，幼时常具粘质短腺毛。

叶：叶片呈心脏形，长达 40 厘米，顶端有锐尖头，全缘有波状浅裂，上面毛稀疏，下面毛密或较疏，老叶下面的灰褐色树枝状毛常具柄和 3~12 条细长丝状分枝，新枝上的叶较大，其毛常不分枝，有时具粘质腺毛；叶柄常有粘质短腺毛。

花：花序枝的侧枝不发达，长约中央主枝之半或稍短，故花序为金字塔形或狭圆锥形，长一般在 50 厘米以下，少有更长，小聚伞花序的总花梗长 1~2 厘米，几与花梗等长，具花 3~5 朵；萼为浅钟形，长约 1.5 厘米，外面绒毛不脱落，分裂至中部或裂过中部，萼齿为卵状长圆形；花冠呈紫色，漏斗状钟形，长 5~7.5 厘米，在离管基部约 5 毫米处弓曲，向上突然膨大，外面有腺毛，内面几无毛，檐部唇形，直径约 5 厘米；雄蕊长达 2.5 厘米；子房卵圆形，有腺毛，花柱短于雄蕊。花期 4—5 月。

果：蒴果为卵圆形，幼时密生粘质腺毛，长 3~4.5 厘米，宿萼不反卷，果皮厚约 1 毫米；种子连翅长 2.5~4 毫米。果期 8—9 月。

生长习性与栽培特点：生性耐寒耐旱，耐盐碱，耐风沙，抗性很强，对气候的适应范围很大，高温 38℃以上生长受到影响，绝对最低温度在 −25℃时易受冻害。该树种较耐干旱与瘠薄，但主干低矮，生长速度较慢。繁殖容易，可采用分根、分蘖、播种和嫁接等，尤以前两种方法较普遍。本树种在被毛疏密、花枝及花冠大小、萼齿尖锐等方面常因生长环境和海拔高低而有变异，生长在海拔较高处，有花枝变小、萼齿在花期较钝、花冠稍短缩的趋势。

景观效果：疏叶大，树冠开张，树荫非常隔光，4 月间盛开紫花或白花，清香扑鼻。叶片被毛，分泌一种粘性物质，能吸附大量烟尘及有毒气体，是城镇绿化及营造防护林的优良树种。但毛泡桐不太耐寒，一般只分布在海河流域南部和黄河流域，是黄河故道上防风固沙的良好树种。

毛泡桐 株型

毛泡桐 枝干1

毛泡桐 叶

毛泡桐 枝干2

毛泡桐 果

毛泡桐 景观效果

梅

别　名：春梅、干枝梅、酸梅、乌梅

科属分类：蔷薇科　杏属

株　型：小乔木，少量为灌木，高 4~10 米。

树　干：树皮呈浅灰色或带绿色，平滑；小枝绿色，光滑无毛。

叶：叶片为卵形或椭圆形，长 4~8 厘米，宽 2.5~5 厘米，先端尾尖，基部宽楔形至圆形，叶边常具小锐锯齿，灰绿色，幼嫩时两面被短柔毛，成长时逐渐脱落，或仅下面脉腋间具短柔毛；叶柄长 1~2 厘米，幼时具毛，老时脱落，常有腺体。

花：花单生或有时 2 朵同生于 1 芽内，直径 2~2.5 厘米，香味浓，先于叶开放；花梗短，长约 1~3 毫米，常无毛；花萼通常为红褐色，但有些品种的花萼为绿色或绿紫色；萼筒为宽钟形，无毛或有时被短柔毛；萼片为卵形或近圆形，先端圆钝；花瓣为倒卵形，白色至粉红色；雄蕊短或稍长于花瓣；子房密被柔毛，花柱短或稍长于雄蕊。花期冬春季。

果：果实近球形，直径 2~3 厘米，黄色或绿白色，被柔毛，味酸；果肉与核粘贴；核椭圆形，顶端圆形而有小突尖头，基部渐狭成楔形，两侧微扁，腹棱稍钝，腹面和背棱上均有明显纵沟，表面具蜂窝状孔穴。果期 5—6 月，在华北果期延至 7—8 月。

生长习性与栽培特点：喜温暖气候，耐寒性不强，较耐干旱，不耐涝，寿命长，可达千年；梅喜空气湿度较大，但花期忌暴雨。除杏梅系品种能耐 –25℃低温外，一般耐 –10℃低温。耐高温，在 40℃条件下也能生长。在年平均气温 16℃ ~23℃地区生长发育最好。对温度非常敏感，在早春平均气温达 –5℃ ~7℃时开花，若遇低温，开花期延后。梅的繁殖方式有嫁接、扦插、压条和播种四种。嫁接是繁殖梅常用的一种方法，嫁接苗生长发育快，开花早，能保持原种的优良特性。

景观效果：三角梅繁花似锦，绚丽满枝，苞片有紫蓝色、朱红色、桃红色、绛紫色、橙黄色等多种，均很华丽。另有垂瓣宝巾，亦称毛宝巾，花多聚生成团，红艳如火，尤其美丽，很适宜种植在公园、花圃、棚架等的门前两侧，或种植在围墙、水滨、花坛、假山等的周边，作防护性围篱，亦可盘卷或修剪成各种图案或育成主干直立的灌木状，作盆花栽培。

梅 枝干

梅 株型

梅 叶

梅 果

梅 花

梅 景观效果

美国山核桃

别名：薄壳山核桃、薄皮山核桃

科属分类：胡桃科 山核桃属

株型：大乔木，高度可达 50 米，胸径可达 2 米。

枝干：树皮粗糙，深纵裂。芽为黄褐色，被柔毛，芽鳞呈镊合状排列。小枝被柔毛，后来变无毛，灰褐色，具稀疏皮孔。

叶：奇数羽状复叶长 25~35 厘米，叶柄及叶轴初被柔毛，后来几乎无毛，具 9~17 枚小叶；小叶具极短的小叶柄，卵状披针形至长椭圆状披针形，有时为长椭圆形，通常稍成镰状弯曲，长 7~18 厘米，宽 2.5~4 厘米，基部歪斜，为阔楔形或近圆形，顶端渐尖，边缘具单锯齿或重锯齿，初被腺体及柔毛，后来毛脱落而常在脉上有疏毛。

花：雄性葇荑花序 3 条 1 束，几乎无总梗，长 8~14 厘米，自上年生小枝顶端或当年生小枝基部的叶痕腋内生出。雄蕊的花药有毛。雌性穗状花序直立，花序轴密被柔毛，具 3~10 朵雌花。雌花子房为长卵形，总苞的裂片有毛。花期 5 月。但花期遇低温会影响开花授粉和花的发育。

果：果实为矩圆状或长椭圆形，长 3~5 厘米，直径为 2.2 厘米左右，有 4 条纵棱，外果皮呈 4 瓣裂，革质，内果皮平滑，灰褐色，有暗褐色斑点，顶端有黑色条纹；基部有不完全 2 室。果期 9—11 月。

生长习性与栽培特点：喜光，喜温暖湿润气候，具有一定的耐寒性，适生长于疏松、排水良好、土层深厚肥沃的砂质土壤。目前以播种为主，也可利用根蘖幼苗繁殖。

景观效果：本种树干端直，根系发达，耐水湿，可孤植、丛植于湖畔、草坪等，宜作庭荫树、行道树，亦适于在河流沿岸及平原地区种植，为很好的城乡绿化树种和果材兼用树种。

美国山核桃 株型

美国山核桃 枝干

美国山核桃 叶

美国山核桃 花

美国山核桃 景观效果

木犀

别名：桂花

科属分类：木犀亚科 木犀属

株型：常绿乔木或灌木，高 3~5 米，最高可达 18 米。

枝干：树皮灰褐色；小枝黄褐色，无毛。

叶：叶片革质，椭圆形、长椭圆形或椭圆状披针形，长 7~14.5 厘米，宽 2.6~4.5 厘米，先端渐尖，基部渐狭，呈楔形或宽楔形，全缘或通常上半部具细锯齿，两面无毛，腺点在两面连成小水泡状突起，中脉在上面凹入，下面凸起，侧脉 6~8 对，有的多达 10 对，在上面凹入，下面凸起；叶柄长 0.8~1.2 厘米，最长可达 1.5 厘米，无毛。

花：聚伞花序簇生于叶腋，或近于帚状，每腋内有花多朵；苞片宽卵形，质厚，长 2~4 毫米，具小尖头，无毛；花梗细弱，无毛，长 0.4~1 厘米；花极芳香；花萼长约 1 毫米，裂片稍不整齐；花冠呈黄白、淡黄、黄或橘红色，长 3~4 毫米。花冠筒管长 0.5~1 毫米；雄蕊着生花冠筒管中部。花期 9—10 月上旬。

果：果歪斜，椭圆形，长 1~1.5 厘米，呈紫黑色。果期翌年 3—5 月。

生长习性与栽培特点：木犀性喜温暖湿润的气候。种植地区平均气温 14℃~28℃，能耐最低气温 –13℃，最适生长气温是 15℃~28℃。湿度对木犀生长发育极为重要，要求年平均湿度 75%~85%，年降水量 1000 毫米左右，特别是幼龄期和成年树开花时需要水分较多，一般要求每天 6~8 小时光照。木犀叶繁花密，需要耗去大量养分。它适宜生于土层深厚、富含腐殖质的砂质土壤中。木犀的革质叶虽有一定耐烟尘污染的能力，但在经受污染后，常会出现只长叶不开花的现象。可通过播种、嫁接、扦插和压条四种方式繁殖。果实可以播种。应选在春季或秋季，尤以阴天或雨天栽植最好，可栽植在通风、排水良好且温暖的地方，光照充足或半阴环境均可。木犀在黄河流域以南地区可露地栽培越冬。盆栽木犀应在冬季搬入室内，置于阳光充足处，使其充分接受直射阳光，室温保持 5℃以上，但不可超过 10℃。翌年 4 月萌芽后移至室外，先放在背风向阳处养护，待稳定生长后再进行正常管理。在修剪时应根据树姿将大框架定好，将其他过密枝、徒长枝、交叉枝、病弱枝去除。对树势上强下弱者，可将上部枝条截短 1/3，使整体树势强健，同时在修剪口涂抹愈伤防腐膜保护伤口。

景观效果：在园林中应用普遍，常作园景树，可孤植、对植，也可成丛成林栽种。在中国古典园林中，木犀常与建筑物、山、石等搭配，以丛生灌木型的植株常植于亭、台、楼、阁附近。旧式庭院常用对植，古称"双桂当庭"。木犀对有害气体二氧化硫、氟化氢有一定的抗性，是一种有利于工矿区绿化的花木。

木犀 株型

木犀 枝干

木犀 叶

木犀 花

木犀 果

木犀 景观效果

枇杷

别名：卢橘

科属分类：蔷薇科 枇杷属

株型：常绿小乔木，高达 10 米。

枝干：小枝粗壮，黄褐色，密生锈色或灰棕色绒毛。

叶：叶片革质，披针形、倒披针形、倒卵形或椭圆形，长 12~30 厘米，宽 3~9 厘米，先端急尖或渐尖，基部楔形或渐狭，上部边缘有疏锯齿，上面光亮，多皱，下面密生灰棕色绒毛，侧脉 11~21 对；叶柄短或几无柄，长 6~10 毫米，有灰棕色绒毛；托叶钻形，长 1~1.5 厘米，先端急尖，有毛。

花：圆锥花序顶生，长 10~19 厘米，具多花；总花梗和花梗密生锈色绒毛；花梗长 2~8 毫米；苞片钻形，长 2~5 毫米，密生锈色绒毛；花直径 12~20 毫米；萼筒浅杯状，长 4~5 毫米，萼片三角卵形，长 2~3 毫米，先端急尖，萼筒及萼片外面有锈色绒毛；花瓣白色，长圆形或卵形，长 5~9 毫米，宽 4~6 毫米，基部具爪，有锈色绒毛；雄蕊 20 枚，远短于花瓣，花丝基部扩展；花柱 5 个，离生，柱头头状，无毛，子房顶端有锈色柔毛，有 5 室，每室有 2 枚胚珠。花期 10—12 月。

果：果实为球形或长圆形，直径 2~5 厘米，黄色或橘黄色，外有锈色柔毛，不久脱落；种子 1~5 个，球形或扁球形，直径 1~1.5 厘米，褐色，光亮，种皮纸质。果期 5—6 月。

生长习性与栽培特点：枇杷喜光，稍耐阴，喜温暖气候和湿润、排水良好的土壤，稍耐寒，不耐严寒，生长缓慢，在平均温度 12℃ ~15℃，冬季不低于 –5℃，花期、幼果期不低于 0℃ 的地区，都能生长良好。但进行经济栽培的年平均气温应在 15℃ ~17℃，且无严寒天气。枇杷花期在冬末春初，冬春低温将影响其开花结果。气温 –6℃ 时对开花、–3℃ 时对幼果都会产生冻害；10℃ 以上花粉开始发芽，20℃ 左右花粉萌发最合适。但气温或地温达 30℃ 以上时，枝叶和根生长滞缓而不良，果实在采摘前 7~15 天遇上 35℃ 的高温，很容易产生日灼伤害，甚至失去食用价值。

景观效果：枇杷树形宽大整齐，叶大荫浓，特别是初夏结果累累，可呈"树繁碧玉簪，柯叠黄金丸"之景，宜单植或丛植于庭院。在庭院中常作绿篱及基础种植材料，也可丛植或孤植于草地边缘或路径转角处。果枝也是瓶插的好材料，红果可经久不落。

枇杷 株型

枇杷 枝

枇杷 叶

枇杷 花

枇杷 果

枇杷 景观效果

三角槭

别名：三角枫

科属分类：槭树科　槭属

株型：落叶乔木，高 5~10 米，少量达 20 米。

树干：树皮呈褐色或深褐色，粗糙。小枝细瘦。当年生枝呈紫色或紫绿色，近于无毛；多年生枝呈淡灰色或灰褐色，少量被蜡粉。冬芽小，褐色，长卵圆形，鳞片内侧被长柔毛。

叶：叶纸质，基部近于圆形或楔形，叶长 6~10 厘米，通常浅 3 裂，裂片向前延伸，稀全缘，中央裂片为三角卵形，急尖、锐尖或短渐尖。侧裂片短钝尖或甚小，以至于不发育，裂片边缘通常全缘，稀具少数锯齿。裂片间的凹缺常钝尖；上面呈深绿色，下面呈黄绿色或淡绿色，被白粉，略被毛，在叶脉上较密；初生脉 3 条，少量基部叶脉发育良好，有 5 条，在上面不显著，在下面显著；侧脉通常在两面都不显著；叶柄长 2.5~5 厘米，淡紫绿色，细瘦，无毛。

花：花多数为顶生被短柔毛的伞房花序，直径约 3 厘米，总花梗长 1.5~2 厘米，开花在叶长大以后；有 5 个萼片，黄绿色，卵形，无毛，长约 1.5 毫米；花瓣 5 个，淡黄色，狭窄披针形或匙状披针形，先端钝圆，长约 2 毫米；雄蕊 8 枚，与萼片等长或微短，花盘无毛，微分裂，位于雄蕊外侧；子房密被淡黄色长柔毛，花柱无毛，很短，有 2 裂，柱头平展或略反卷；花梗长 5~10 毫米，细瘦，嫩时被长柔毛，渐老近于无毛。花期 4 月。

果：翅果呈黄褐色；小坚果特别凸起，直径 6 毫米；翅与小坚果共长 2~2.5 厘米，稀达 3 厘米，宽 9~10 毫米，中部最宽，基部狭窄，张开成锐角或近于直立。果期 8 月。

生长习性与栽培特点：生于海拔 300~1000 米的阔叶林中。弱阳性树种，稍耐阴。喜温暖、湿润环境及中性至酸性土壤。耐寒，较耐水湿，耐修剪。树系发达，根蘖性强。主要采用播种繁殖、扦插繁殖和压条繁殖三种方法，以播种繁殖为主。秋季采种，去翅干藏，至下年早春在播种前两周浸种或混沙催芽后播种。

景观效果：三角槭树姿优雅，叶形秀丽，叶端有 3 浅裂，宛如鸭蹼，颇耐观赏。春初新叶初放，清秀翠绿；入秋后，叶色转为暗红色或黄色，更为悦目。如在夏末秋初，将其老叶摘去，施一次速效氮肥，半月以后，又发出新鲜嫩叶，淡绿或淡红，可增加其观赏效果。可盘扎造型，用作树桩盆景，是良好的园林绿化树种和观叶树种。宜孤植、丛植作庭荫树，也可作行道树及护岸树。在湖岸、溪边、谷地、草坪配植，或点缀于亭廊、山石间都很合适。

三角槭 株型

三角槭 枝干

三角槭 叶

三角槭 花

三角槭 景观效果

三球悬铃木

别名：法国梧桐、裂叶悬铃木、鸠摩罗什树、祛汗树、净土树

科属分类：悬铃木科　悬铃木属

株型：树冠为阔钟形，高达 30 米，落叶大乔木。

枝干：树皮薄片状脱落；嫩枝被黄褐色绒毛，老枝秃净，干后红褐色，有细小皮孔。

叶：叶大，轮廓为阔卵形，宽 9~18 厘米，长 8~16 厘米，基部为浅三角状心形，或近于平截，上部掌状 5~7 裂，稀为 3 裂，中央裂片深裂过半，长 7~9 厘米，宽 4~6 厘米，两侧裂片稍短，边缘有少数裂片状粗齿，上下两面初时被灰黄色毛，以后脱落，仅在背脉上有毛，掌状脉 3 条或 5 条，从基部发出；叶柄长 3~8 厘米，圆柱形，被绒毛，基部膨大；托叶小，短于 1 厘米，基部鞘状。

花：雄性球状花序无柄，基部有长绒毛，萼片短小，雄蕊远比花瓣要长，花丝极短，花药伸长，顶端盾片稍扩大；雌性球状花序常有柄，萼片被毛，花瓣倒披针形，花序头状，黄绿色，心皮 4 个，花柱伸长，先端卷曲。花期 4—5 月。

果：果枝长 10~15 厘米，有圆球形头状果序 3~5 个，稀为 2 个；头状果序直径 2~2.5 厘米，宿存花柱突出呈刺状，长 3~4 毫米，小坚果之间有黄色绒毛，突出头状果序外。果是聚合果，由众多狭长倒锥形小坚果组成，果柄长而下垂。果期 9—10 月。

生长习性与栽培特点：属阳性速生树种，喜温暖湿润的气候，适合生长在年平均气温 13℃~20℃，年降水量 800 毫米以上、1200 毫米以下的地区。萌芽力强，耐修剪。对土壤没有较高要求，耐干旱、瘠薄，亦耐湿，但较适应微酸性或中性土壤，其根系分布较浅，有台风灾害时易受威胁而倒斜。三球悬铃木栽植的最佳时间是 3 月份，通常会采用插条和播种两种方式进行繁殖栽培。

景观效果：三球悬铃木树形雄伟端庄，叶片宽大，绿荫如盖，是世界著名的优良庭荫树和行道树种，适应性强，耐修剪整形，也常用作城市绿化，有"行道树之王"的美誉。

三球悬铃木 株型

三球悬铃木 枝干

三球悬铃木 叶

三球悬铃木 果

三球悬铃木 景观效果 1

三球悬铃木 景观效果 2

色木槭

别名：水色树、五角枫、五角槭、地锦槭

科属分类：槭树科　槭属

株型：落叶乔木，树的高度可以达到 15~20 米。

枝干：树皮粗糙，常纵裂，灰色，少量为深灰色或灰褐色。小枝细瘦，无毛，当年生枝为绿色或紫绿色，多年生枝为灰色或淡灰色，具圆形皮孔。冬芽近于球形，鳞片为卵形，外侧无毛，边缘具纤毛。

叶：叶纸质，基部为截形或近于心脏形，叶片的外貌近于椭圆形，长 6~8 厘米，宽 9~11 厘米，常有 5 裂，有时 3 裂及 7 裂的叶生于同一树上；裂片卵形，先端锐尖或尾状锐尖，全缘，裂片间的凹缺常锐尖，深达叶片的中段，上面深绿色，无毛，下面淡绿色，除了在叶脉上被黄色短柔毛外，其余部分无毛；主脉 5 条，在上面显著，在下面微凸起，侧脉在两面均不显著；叶柄长 4~6 厘米，细瘦，无毛。

花：花多数，杂性，雄花与两性花同株，多数常成无毛的顶生圆锥状伞房花序，长与宽均约 4 厘米，生于有叶的枝上，花序的总花梗长 1~2 厘米，花的开放与叶的生长同时；有 5 个萼片，黄绿色，长圆形，顶端钝形，长 2~3 毫米；花瓣 5 个，淡白色，椭圆形或椭圆倒卵形，长约 3 毫米。雄蕊 8 枚，无毛，比花瓣短，位于花盘内侧的边缘，花药黄色，椭圆形；子房无毛或近于无毛，在雄花中不发育，花柱无毛，很短，柱头 2 裂，反卷；花梗长 1 厘米，细瘦，无毛。花期 5 月。

果：翅果嫩时呈紫绿色，成熟时呈淡黄色；小坚果压扁状，长 1~1.3 厘米，宽 5~8 毫米；翅为长圆形，宽 5~10 毫米，连同小坚果长 2~2.5 厘米，张开成锐角或近于钝角。果期 9 月。

生长习性与栽培特点：喜欢润肥的土壤，稍耐阴，根性深，可以生长在石灰岩，或酸性、中性的土壤中。主要用种子繁殖。

景观效果：树形优美，叶、果秀丽，入秋叶色变为红色或黄色，宜作为庭院绿化树种，与其他常绿树配植，彼此衬托掩映，可增加秋景色彩之美，也可用作庭荫树、行道树或防护林。

色木槭 株型

色木槭 枝干

色木槭 叶

色木槭 果1

色木槭 果2

色木槭 景观效果

深山含笑

别名：光叶白兰花、莫夫人含笑花

科属分类：木兰科 含笑属

株型：常绿乔木，高达 20 米，各部均无毛。

树干：树皮薄，浅灰色或灰褐色，平滑不裂；芽、嫩枝、叶下面、苞片均被白粉。

叶：互生，革质，长圆状椭圆形，少数呈卵状椭圆形，长 7~18 厘米，宽 3.5~8.5 厘米，先端骤狭短渐尖或短渐尖，尖头钝，基部楔形、阔楔形或近圆钝，上面深绿色，有光泽，下面灰绿色，被白粉，侧脉每边 7~12 条，直或稍曲，至近叶缘有开叉网结，网眼致密。叶柄长 1~3 厘米，无托叶痕。

花：花芳香，花被 9 片，纯白色，基部稍呈淡红色，外轮为倒卵形，长 5~7 厘米，宽 3.5~4 厘米，顶端具短急尖，基部具长约 1 厘米的爪，内两轮则渐狭小；雄蕊长 1.5~2.2 厘米，药隔伸出长 1~2 毫米的尖头，花丝宽扁，淡紫色，长约 4 毫米；雌蕊群长 1.5~1.8 厘米；雌蕊群柄长 5~8 毫米。心皮绿色，狭卵圆形，连花柱，长 5~6 毫米。花期 2—3 月。

果：聚合果长 7~15 厘米，蓇葖为长圆体形、倒卵圆形、卵圆形，顶端圆钝或具短突尖头。种子红色，斜卵圆形，长约 1 厘米，宽约 5 毫米，稍扁。果期 9—10 月。

生长习性与栽培特点：喜光照、温暖、湿润环境，有一定耐寒能力，幼时较耐阴。自然更新能力强，生长快，适应性强，抗干热，对二氧化硫的抗性较强。喜土层深厚、疏松、肥沃而湿润的酸性砂质土壤。根系发达，萌芽力强。种子可随采随播，也可用湿沙贮藏，到早春 2 月下旬至 3 月上旬播种。为了提高种子的发芽率，减少种子沙藏的麻烦，种子阴干后即可直接播种。4 月初，当平均气温在 15℃左右时，种子开始破土发芽。

景观效果：深山含笑叶鲜绿，花纯白艳丽，是早春优良芳香的观花树种，也是优良的园林和四旁绿化树种。

深山含笑 株型

深山含笑 枝干

深山含笑 叶

深山含笑 花

深山含笑 果

深山含笑 景观效果

石楠

别名：山官木、扇骨木、石斑木、石眼木

科属分类：蔷薇科 石楠属

株型：常绿灌木或中型乔木，高4~6米，有时可达12米。

枝干：枝呈褐灰色，无毛；冬芽为卵形，鳞片呈褐色，无毛。

叶：叶片革质，长椭圆形、长倒卵形或倒卵状椭圆形，长9~22厘米，宽3~6.5厘米，先端尾尖，基部为圆形或宽楔形，边缘有疏生具腺细锯齿，近基部全缘，上面光亮，幼时中脉有绒毛，成熟后两面皆无毛，中脉显著，侧脉25~30对；叶柄粗壮，长2~4厘米，幼时有绒毛，以后无毛。

花：复伞房花序顶生，直径10~16厘米；总花梗和花梗无毛，花梗长3~5毫米；花密生，直径6~8毫米；萼筒杯状，长约1毫米，无毛；萼片阔三角形，长约1毫米，先端急尖，无毛；花瓣白色，近圆形，直径3~4毫米，内外两面皆无毛；雄蕊20枚，外轮较花瓣长，内轮较花瓣短，花药带紫色；花柱2个，有时为3个，基部合生，柱头头状，子房顶端有柔毛。花期4—5月。

果：果实球形，直径5~6毫米，红色，后成褐紫色，有1粒种子；种子卵形，长2毫米，棕色，平滑。果期10月。

生长习性与栽培特点：喜光，稍耐阴，有深根性，对土壤要求不严，但以肥沃、湿润、土层深厚、排水良好、微酸性的砂质土壤最为适宜，能耐短期-15℃的低温，喜温暖、湿润气候，在河南、陕西及山东等地能露地越冬。萌芽力强，耐修剪，对烟尘和有毒气体有一定的抗性。以播种为主要方式，也可以在7—9月进行扦插繁殖。栽前施足基肥，栽后及时浇水。生长期注意浇水，特别是6—8月高温季节，宜半月浇一次水。春夏季节可追施一定量的复合肥和有机肥。新移植的石楠一定要注意防寒2~3年，入冬后，搭建牢固的防风屏障，在南面向阳处留一开口，接受阳光照射。另外，在地面上覆盖一层稻草或其他覆盖物，以防根部受冻。修剪石楠时，对枝条多而细的植株应强剪，疏除部分枝条；对枝少而粗的植株应轻剪，促使其多萌发花枝。

景观效果：林中采取孤植、丛植及基础栽植方式，尤其适合与金叶女贞、俏黄芦、红叶小檗等植物搭配种植。可作为庭荫树或者绿篱，也可以根据园林的需要修剪出不同的造型。

石楠 株型

石楠 枝干

石楠 叶

石楠 花

石楠 果

石楠 景观效果

柿

别名：朱果、猴枣

科属分类：柿科　柿属

株型：属于落叶大乔木，通常高达 10~14 米，它的树冠呈自然半圆形，胸径达 65 厘米，老树有的高达 27 米。

枝干：树皮呈深灰色至灰黑色，或者黄褐色至褐色，沟纹较密，裂成长方块状。枝开展，带绿色至褐色，无毛，散生纵裂的长圆形或狭长圆形皮孔；嫩枝初时有棱，有棕色柔毛、绒毛，或无毛。冬芽小，卵形，长 2~3 毫米，先端钝。

叶：叶纸质，卵状椭圆形至倒卵形或近圆形，通常较大，长 5~18 厘米，宽 2.8~9 厘米，先端渐尖或钝，基部楔形。新叶疏生柔毛，老叶上面有光泽，深绿色，无毛，下面绿色，有柔毛或无毛。中脉在上面凹下，有微柔毛，在下面凸起。侧脉每边 5~7 条，上面平坦或稍凹下，下面略凸起，下部的脉较长，上部的脉较短，向上斜生，稍弯。小脉纤细，在上面平坦或微凹下，连结成小网状。叶柄长 8~20 毫米，无毛，上面有浅槽。

花：花雌雄异株或同株，雄花成短聚伞花序，雌花单生叶腋；花萼有 4 深裂，果熟时增大；花冠白色，有 4 裂，有毛；雌花中有 8 枚退化雄蕊。花期 5—6 月。

果：果呈球形、扁球形、球形，或略呈方形、卵形等，直径 3.5~8.5 厘米不等，基部通常有棱，嫩时绿色，后变黄色、橙黄色，果肉较脆硬，老熟时果肉柔软多汁，呈橙红色或大红色等；有种子数颗，种子褐色，椭圆状，长约 2 厘米，宽约 1 厘米，侧扁。果期 9—10 月。

生长习性与栽培特点：柿是深根性树种，又是阳性树种，喜温暖气候和充足阳光，以及深厚、肥沃、湿润、排水良好的土壤，适生长于中性土壤中，较能耐寒，且较能耐瘠薄，抗旱性强，不耐盐碱土。柿的繁殖主要用嫁接法。通常用栽培的柿子或野柿作砧木，栽植时间有秋栽和春栽两期。秋栽在落叶以后 11—12 月进行；春栽在土壤解冻以后，3 月份进行。

景观效果：到了秋季柿果红彤彤，外观艳丽诱人；到了晚秋，柿叶也变成红色，此景观极为美丽。故柿是园林绿化和庭院经济栽培的最佳树种之一。

柿 株型

柿 枝干

柿 花 1

柿 花 2

柿 果

柿 景观效果

水杉

别名：水桫树、梳子杉

科属分类：杉科　水杉属

株型：乔木，高达 35 米，胸径达 2.5 米。

枝干：树干基部常膨大；树皮呈灰色、灰褐色或暗灰色，幼树树皮裂成薄片脱落，老树树皮裂成长条状脱落，内皮淡紫褐色；枝斜展，小枝下垂，幼树树冠为尖塔形，老树树冠为广圆形，枝叶稀疏；一年生枝光滑无毛，幼时呈绿色，后渐变成淡褐色，二、三年生枝呈淡褐灰色或褐灰色；侧生小枝排成羽状，长 4~15 厘米，冬季凋落；主枝上的冬芽为卵圆形或椭圆形，顶端钝，长约 4 毫米，径 3 毫米，芽鳞为宽卵形，先端圆或钝，长宽几相等，为 2~2.5 毫米，边缘薄而色浅，背面有纵脊。

叶：叶为条形，长 0.8~3.5(常 1.3~2) 厘米，宽 1~2.5(常 1.5~2) 毫米，上面淡绿色，下面色较淡，沿中脉有两条较边带稍宽的淡黄色气孔带，每带有 4~8 条气孔线，叶在侧生小枝上成两列，羽状，冬季与枝一同脱落。

花：裸子植物，无花。

果：球果下垂，近四棱状球形或矩圆状球形，成熟前绿色，熟时深褐色，长 1.8~2.5 厘米，径 1.6~2.5 厘米，梗长 2~4 厘米，其上有对生的条形叶；种鳞木质，盾形，通常有 11~12 对，交叉对生，鳞顶扁菱形，中央有一条横槽，基部楔形，高 7~9 毫米，有 5~9 粒种子；种子扁平，倒卵形，间或圆形或矩圆形，周围有翅，先端有凹缺，长约 5 毫米，径 4 毫米。球果 11 月成熟。

生长习性与栽培特点：喜光，多生于山谷或山麓附近地势平缓、土层深厚、湿润或稍有积水的地方，耐寒性强，耐水湿能力强，在轻盐碱地可以生长。水杉根系发达，生长的快慢常受土壤水分的支配，在长期积水、排水不良的地方生长缓慢，树干基部通常膨大并有纵棱。采用硬枝扦插和嫩枝扦插均可。水杉栽植季节从晚秋到初春均可，一般以冬末为好，切忌在土壤冻结的严寒时节和生长季节 (夏季) 栽植，否则成活率极低。苗木应随起随栽，避免过度失水。

景观效果：水杉是"活化石"，也是秋叶观赏树种。在园林中最适于列植，也可丛植、片植，用于堤岸、湖滨、池畔、庭院的绿化，既适宜盆栽，也可成片栽植营造风景林，并适配常绿地被植物，还可栽于建筑物前或用作行道树。

水杉 景观效果 1

水杉 景观效果 2

水杉 枝干

水杉 叶

水杉 果

苏铁

别名：铁树、凤尾蕉、凤尾松、凤尾草、辟火蕉

科属分类：苏铁科　苏铁属

株型：常绿乔木，不分枝，树干高约 2 米，少数达 8 米或更高。

枝干：圆柱形，有明显螺旋状排列的菱形叶柄残痕，径达 45~95 厘米，常在基部或下部生不定芽，顶端密被很厚的绒毛；干皮呈灰黑色。

叶：每棵苏铁有叶 40~100 片或更多，一回羽裂，长 0.7~1.4(2) 米，宽 20~25(28) 厘米，羽状叶从茎的顶部生出，下层的向下弯，上层的斜上伸展，整个羽状叶的轮廓呈倒卵状狭披针形，长 75~200 厘米，叶轴横切面为四方状圆形，柄略成四角形，两侧有齿状刺，水平或略斜上伸展，刺长 2~3 毫米。羽状裂片达 100 对以上，条形，厚革质，坚硬，长 9~18 厘米，宽 4~6 毫米，羽片向上斜展呈 V 形伸展；羽片直或近镰刀状，革质，长 10~20 厘米，宽 4~7 毫米，下侧下延，先端渐窄，具刺状尖头，两侧有疏柔毛或无毛，边缘显著地向下反卷，中央微凹，凹槽内有稍隆起的中脉，下面浅绿色，中脉显著隆起，两侧有疏柔毛或无毛。

花：雄球花为圆柱形，长 30~70 厘米，径 8~15 厘米；小孢子叶为窄楔形，长 3.5~6 厘米，顶端宽平，其两角近圆形，宽 1.7~2.5 厘米，有急尖头，尖头长约 5 毫米，直立，下部渐窄，上面近于龙骨状，下面中肋及顶端密生黄褐色或灰黄色长绒毛；花药通常 3 个聚生；大孢子叶长 15~24 厘米，密被淡黄色或淡灰黄色绒毛，上部顶片为卵形或长卵形，边缘羽状分裂，裂片 12~18 对，条状钻形，长 2.5~6 厘米，先端有刺状尖头，胚珠 2~6 枚，生于大孢子叶柄的两侧，有绒毛。花期 6—7 月。

果：种子长 2~4 厘米，径 1.5~3 厘米，红褐色或橘红色，倒卵圆形或卵圆形，稍扁，密生灰黄色短绒毛，后渐脱落，中种皮木质，两侧有两条棱脊，上端无棱脊或棱脊不显著，顶端有尖头。种子 10 月成熟。

生长习性与栽培特点：苏铁喜暖热湿润的环境，不耐寒冷，生长甚慢，寿命约 200 年。用播种及分蘖方法繁殖。于秋天采收成熟的种子，播种于高温向阳的砂质土壤中，沟播，沟深 6~10 厘米，沟距 20~40 厘米，穴播株距 10~15 厘米，覆土厚度相当于种子直径的 2 倍，稍镇压，盖草、浇水保持湿润。出苗后，将盖草撤掉。苏铁浇水量不宜过大，否则不利其根系进行正常的活动，忌严寒，其生长适温为 20℃ ~30℃，越冬温度不宜低于 5℃。当茎干生长高达 50 厘米后，即应于春季割去老叶，以后每年割一圈，或至少 3 年进行一次。若植株尚小，展开度不够理想，可将叶片全部剪掉，这样不会影响新叶长出的角度，会使植株更完美，修剪时应尽量剪至叶柄基部，使茎干整齐美观。

景观效果：苏铁树形古雅，主干粗壮，坚硬如铁；羽叶洁滑光亮，四季常青，为珍贵观赏树种。在南方多植于庭前阶旁及草坪内，给人庄严肃穆之感，还颇具热带风情；在北方宜作大型盆栽，布置庭院、屋廊及厅室，显得优雅高贵，殊为美观。

苏铁 株型

苏铁 枝干

苏铁 叶

苏铁 花

苏铁 果

苏铁 景观效果

雪松

别名：香柏、喜马拉雅松、宝塔松、番柏

科属分类：松科 雪松属

株型：常绿乔木，高达 50 米，胸径达 3 米。树冠呈尖塔形。

枝干：树皮呈灰绿色或银灰色，裂成不规则的鳞状块片；枝平展、微斜展或微下垂，基部宿存芽鳞向外反曲，小枝常下垂，一年生长枝呈淡灰黄色，密生短绒毛，微有白粉，二、三年生枝呈灰色、淡褐灰色或深灰色。

叶：叶在长枝上辐射伸展，呈散生状，在短枝上成簇生状，每年生出新叶约 15~20 片，针形，坚硬，淡绿色或深绿色，长 2.5~5 厘米，宽 1~1.5 毫米，上部较宽，先端锐尖，下部渐窄，常成三棱形，叶之腹面两侧各有 2~3 条气孔线，背面有 4~6 条气孔线，幼时气孔线有白粉。雪松叶面积较小，气孔分布较少，水分消耗也很少，雪松叶细胞中的液体浓缩可抗寒，所以雪松冬天也呈绿色。

花：雄球花为长卵圆形或椭圆状卵圆形，长 2~3 厘米，径约 1 厘米；雌球花为卵圆形，长约 8 毫米，径约 5 毫米。花期 10—11 月。

果：果熟前颜色为淡绿色，微有白粉。通常球果翌年 10 月成熟。熟时为卵圆形、宽椭圆形或近球形，长 7~12 厘米，径 5~9 厘米，呈赤褐色或栗褐色，顶端圆钝，有短梗。中部的种鳞为扇状倒三角形，长 2.5~4 厘米，宽 4~6 厘米，上部宽圆或平，边缘微内曲，中部楔形，下部耳形，基部爪状，鳞背部密生短绒毛。种子近三角形，种翅宽大，连翅长 2.2~3.7 厘米。

生长习性与栽培特点：适宜温和的气候和上层深厚且排水良好的土壤，喜阳光充足，海拔 1300~3300 米的地带。一般用播种和扦插繁殖。一般于 3 月中下旬进行播种，也可提早播种，以增加幼苗抗病能力（秋后亦可）。植株需带宿土，并立直杆，选择排水、通气良好的砂质土壤作为苗床。繁殖苗留床 1~2 年后，即可在 2—3 月份进行移植。幼叶对二氧化硫极为敏感，抗烟害能力很弱，需注意遮荫，并防止猝倒和地老虎的危害。幼龄苗生长缓慢。生长期追肥 2~3 次，一般不必整形和修枝，只需疏除病枯枝和树冠紧密处的阴生弱枝即可。雪松盆景的加工造型以攀扎为主，修剪为辅。攀扎以冬春为宜，多采用棕丝进行攀扎。雪松主干耸立，侧枝平展，故多将侧枝做弯成 S 形状，主干一般不做弯。也可取当年生小苗 5~7 棵，高低错落，合栽成丛林式，枝叶婆娑，别具韵味。

景观效果：雪松树形高大，树形优美，最适宜孤植于草坪中央、建筑前庭之中心、广场中心或主要建筑物的两旁及园门的入口等处。雪松宜种植在排水良好、通风透光的地方，种植时不宜过密。它具有较强的防尘、减噪声与杀菌能力，适宜作工矿企业绿化树种。其主干下部的大枝自近地面处平展，长年不枯，能形成繁茂雄伟的树冠。

雪松 株型

雪松 枝干

雪松 叶

雪松 花

雪松 景观效果

樱花

别名：东京樱花、日本樱花

科属分类：蔷薇科 樱属

株型：乔木，高 4~16 米。

枝干：树皮呈灰褐色或灰黑色。小枝呈灰白色或淡褐色，无毛。冬芽为卵圆形，无毛。

叶：托叶为线形，长 5~8 毫米，边有腺齿，早落。叶片为椭圆卵形或倒卵形，长 5~12 厘米，宽 2.5~7 厘米，先端渐尖或骤尾尖，基部圆形，少量为楔形，边有尖锐锯齿，齿端渐尖，有小腺体，上面深绿色，无毛，下面淡绿色，沿脉被稀疏柔毛，有侧脉 7~10 对；叶柄长 1.3~1.5 厘米，密被柔毛，顶端有 1~2 个腺体或有时无腺体；托叶为披针形，有羽裂腺齿，被柔毛，早落。

花：花序伞房有花 3~4 朵；总苞片呈褐红色，倒卵长圆形，长约 8 毫米，宽约 4 毫米，外面无毛，内面被长柔毛；总梗长 5~10 毫米，无毛；苞片呈褐色或淡绿褐色，长 5~8 毫米，宽 2.5~4 毫米，边有腺齿；花梗长 1.5~2.5 厘米，无毛或被极稀疏柔毛；萼筒管状，长 5~6 毫米，宽 2~3 毫米，先端渐尖，萼片为三角披针形长卵状，长约 5 毫米，先端渐尖或急尖；花瓣白色，少量为粉红色，倒卵形，先端下凹；雄蕊约 32 枚；花柱基部有柔毛。花期 4 月。

果：核果为球形或卵球形，紫黑色，核表面略具棱纹，直径 8~10 毫米。果期 5—6 月。

生长习性与栽培特点：喜光，喜肥沃、深厚而排水良好的微酸性土壤，对中性土壤也能适应，不耐盐碱。耐寒，喜空气湿度大的环境。根系较浅，忌积水与低湿。对烟尘和有害气体的抵抗力较差。用嫁接法繁殖，砧木可用樱桃、尾叶樱及桃、杏等实生苗。栽培简易。

景观效果：樱花色彩鲜艳，十分壮丽，是重要的园林观花树种，宜丛植于庭院或建筑物前，也可作小路的行道树。

樱花 株型

樱花 枝干

樱花 叶

樱花 花

樱花 果

樱花 景观效果

油松

别名：东北黑松、短叶松、红皮松、紫翅油松、短叶马尾松、巨果油松

科属分类：松科　松属

株型：乔木，高达 25 米，胸径可达 1 米以上。

枝干：树皮呈灰褐色或褐灰色，裂成不规则较厚的鳞状块片，裂缝及上部树皮呈红褐色；枝平展或向下斜展，老树树冠平顶，小枝较粗，褐黄色，无毛，幼时微被白粉；冬芽为矩圆形，顶端尖，微具树脂，芽鳞呈红褐色，边缘有丝状缺裂。

叶：针叶 2 针一束，深绿色，粗硬，长 10~15 厘米，径约 1.5 毫米，边缘有细锯齿，两面具气孔线；横切面半圆形，为二层型皮下层，在第一层细胞下常有少数细胞形成第二层皮下层，树脂道 5~8 个或更多，边生，多数生于背面，腹面有 1~2 个，少量角部有 1~2 个中生树脂道；叶鞘初呈淡褐色，后呈淡黑褐色。

花：雄球花为圆柱形，长 1.2~1.8 厘米，在新枝下部聚生成穗状。花期 4—5 月。

果：球果为卵形或圆卵形，长 4~9 厘米，有短梗，向下弯垂，成熟前呈绿色，熟时呈淡黄色或淡褐黄色，常宿存树上达数年之久；中部种鳞近矩圆状倒卵形，长 1.6~2 厘米，宽约 1.4 厘米，鳞盾肥厚，隆起或微隆起，扁菱形或菱状多角形，横脊显著，鳞脐凸起有尖刺；种子为卵圆形或长卵圆形，淡褐色有斑纹，长 6~8 毫米，径 4~5 毫米，连翅长 1.5~1.8 厘米；子叶 8~12 枚，长 3.5~5.5 厘米；初生叶窄条形，长约 4.5 厘米，先端尖，边缘有细锯齿。球果第二年 10 月成熟。

生长习性与栽培特点：油松为喜光、深根性树种，喜干冷气候，在土层深厚、排水良好的酸性、中性或钙质黄土中均能良好生长。以种子繁育为主，幼苗生长较慢，一般从第 5 年开始加速生长，持续至 30 年后，生长速度减缓。栽种油松后，在一周内施两次水，以后可松土、保墒。在松土锄草方面，可 20 天进行一次，要求认真细致，一般深达 4~5 厘米。在管理过程中，需注意整形和换头工作。中国北方冬季寒冷，春季风大、干旱，气温变化剧烈，对油松苗木的危害很大，应采取有效的防寒措施，避免因霜冻和生理干旱而引起油松苗木死亡。

景观效果：油松的主干挺拔，分枝弯曲多姿，树冠层次有别，树色变化多，街景丰富。油松有使土壤容易板结的缺点，可种植在人行道内侧或分车带中以避免人为破坏。在古典园林中作为主景、配景、背景、框景等屡见不鲜，亦可与元宝枫、栎类、桦木、侧柏等混交种植。

油松 株型

油松 枝干

油松 叶

油松 花

油松 果

油松 景观效果

圆柏

别名：刺柏、红心柏、珍珠柏

科属分类：柏科　圆柏属

株型：乔木，高达 20 米，胸径达 3.5 米。

树干：树皮呈深灰色，纵裂，成条片开裂；幼龄树的枝条通常斜上伸展，形成尖塔形树冠，老龄树则下部大枝平展，形成广圆形的树冠；树皮呈灰褐色，纵裂，裂成不规则的薄片脱落；小枝通常直或稍成弧状弯曲，生鳞叶的小枝近圆柱形或近四棱形，径 1~1.2 毫米。

叶：叶二型，即刺叶及鳞叶。刺叶生于幼龄树之上，老龄树则全为鳞叶，壮龄树兼有刺叶与鳞叶；生于一年生小枝的一回分枝的鳞叶三叶轮生，直伸而紧密，近披针形，先端微渐尖，长 2.5~5 毫米，背面近中部有椭圆形微凹的腺体；刺叶三叶交互轮生，斜展，疏松，披针形，先端渐尖，长 6~12 毫米，上面微凹，有两条白粉带。

花：雌雄异株，少量同株，雄球花黄色，椭圆形，长 2.5~3.5 毫米，雄蕊 5~7 对，常有 3~4 枚花药。

果：球果近圆球形，径 6~8 毫米，两年成熟，熟时暗褐色，被白粉或白粉脱落；有 1~4 粒种子，种子卵圆形，扁，顶端钝，有棱脊及少数树脂槽；子叶 2 枚，出土，条形，长 1.3~1.5 厘米，宽约 1 毫米，先端锐尖，下面有两条白色气孔带，上面则不明显。

生长习性与栽培特点：生长于中性土、钙质土及微酸性土中。喜光树种，喜温凉、温暖气候及湿润土壤。在华北及长江下游海拔 500 米以下，长江中上游海拔 1000 米以下排水良好之山地可种植造林。圆柏主要有扦插和压条两种繁殖方式。圆柏可以用软枝或者硬枝扦插的方式进行繁殖。

景观效果：圆柏幼龄树树冠整齐，树形优美，老龄树干枝扭曲，姿态奇古，可以独树成景，是中国传统的园林树种。圆柏在庭院中用途极广，耐修剪，又有很强的耐阴性，故作绿篱比侧柏优良，下枝不易枯，且可植于建筑之北侧阴处。中国古来多将圆柏配植于庙宇陵墓作墓道树。

圆柏 叶

圆柏 株型

圆柏 花

圆柏 果

圆柏 景观效果

云杉

别名：粗枝云杉、大果云杉、粗皮云杉、茂县云杉、茂县杉、异鳞云杉、大云杉、白松

科属分类：松科 云杉属

株型：乔木，树冠为圆锥型，整株可高达 45 米，胸径达 1 米。

枝干：大枝轮生，小枝具有叶枕及沟槽。小枝疏生或密被短毛，或无毛，一年生枝呈淡褐黄色、褐黄色、淡黄褐色或淡红褐色，叶枕有明显或不明显的白粉，二、三年生时呈灰褐色、褐色或淡褐灰色；基部宿存芽鳞反曲。树皮为淡灰褐色或淡褐灰色，裂成稍厚的不规则鳞状块片脱落。冬芽为圆锥形，有树脂，基部膨大，上部芽鳞的先端微反曲或不反曲。

叶：叶呈四棱状条形，主枝之叶辐射伸展，侧枝上面之叶向上伸展，下面及两侧之叶向上方弯伸，叶长 1~2 厘米，宽 1~1.5 毫米，微弯曲，先端微尖或急尖，横切面为菱形，四面有粉白色气孔线，上面每边各有 4~8 条，下面每边各有 4~6 条。

花：每年 4 月开花，雌雄异花同株，借风授粉。花期为 4—5 月。

果：球果为圆柱长圆形，长 5~16 厘米，直径 2.5~3.5 厘米，上端渐窄，熟前为绿色，熟时为淡褐色或褐色。中部种鳞为倒卵形，长约 2 厘米，宽约 1.5 厘米，上部为圆形或截形，排列紧密，或上部为钝三角形，排列较松，全缘，稀基部至中部的种鳞先端有 2 浅裂或微凹。种子为倒卵圆形，长约 4 毫米，连翅长约 1.5 厘米。种翅呈淡褐色，为倒卵状矩圆形；子叶 6~7 枚，条状锥形，长 1.4~2 厘米，初生叶为四棱状条形，长 0.5~1.2 厘米，先端尖，四面有气孔线，全缘或隆起的中脉上部有齿毛。球果 9—10 月成熟。

生长习性与栽培特点：云杉稍耐阴，能耐干燥及寒冷的环境条件，喜欢凉爽湿润的气候和肥沃深厚、排水良好的微酸性砂质土壤，生长缓慢，属浅根性树种。一般采用播种育苗或扦插育苗，在 1~5 年实生苗上剪取 1 年生充实枝条作插穗最好，成活率最高。种粒细小，忌旱怕涝，应选择地势平坦，排灌方便，肥沃、疏松的砂质土壤为圃地。硬枝扦插在 2—3 月进行，落叶后剪取，捆扎、沙藏越冬，翌年春季插入苗床，喷雾保湿，30~40 天生根。嫩枝扦插在 5—6 月进行，选取半木质化枝条，长 12~15 厘米，插后 20~25 天生根。种苗移植，小苗要多带宿土，大苗要带土球。栽植前要施足基肥，栽后水要浇透。生长期保持土壤湿润。定植后 2 年，在春季萌芽前施肥 1 次，初夏和秋季各施肥 1 次。苗期适当修剪，并以细竹扶直。

景观效果：云杉树姿优美，冬夏长绿，生长缓慢，树龄长，整体呈现蓝灰色，是园林景观中不可多得的明亮色彩，不论列植，还是丛植，都是园林中的点睛之笔，能达到良好的景观效果。云杉还具有重要的文化价值，因其树形端庄，所以多用于庄重肃穆的场合，欧美国家的圣诞节常用其作为圣诞树装饰。

云杉 株型

云杉 枝干

云杉 叶

云杉 花

云杉 果

云杉 景观效果

樟

别名：臭樟、芳樟、栳樟、香樟、樟木、油樟、乌樟、瑶人柴

科属分类：樟科 樟属

株型：常绿大乔木，高达 30 米，胸径可达 3 米，树冠为广卵形。

枝干：树皮呈黄褐色，不规则纵裂；小枝为圆柱形，淡褐色，无毛。

叶：叶互生，卵状椭圆形，长 6~12 厘米，宽 2.5~5.5 厘米，先端尖，基部为宽楔型或近圆型，两面无毛或下面初稍被微柔毛，边缘软骨质，有时有微波状，上面绿色或黄绿色，有光泽，下面黄绿色或灰绿色，晦暗，离基三出脉，侧脉及支脉脉腋有腺窝，窝内常被柔毛；叶柄纤细，长 2~3 厘米，无毛。

花：圆锥花序腋生，长 3.5~7 厘米，多花，花序梗长 2.5~4.5 厘米，与序轴均无毛或被灰白或黄褐色微柔毛，节上毛较密。花呈绿白色或带黄色，长约 3 毫米；花梗长 1~2 毫米，无毛。花被无毛或被微柔毛，内面密被柔毛，花被筒为倒锥形，长约 1 毫米，花被片为椭圆形，长约 2 毫米。能育雄蕊长约 2 毫米，花丝被短柔毛，退化雄蕊为箭头形，长约 1 毫米，被柔毛。子房为球形，长约 1 毫米，无毛，花柱长约 1 毫米。花期 4—5 月。

果：果为卵圆形或近球形，径 6~8 毫米，紫黑色；果托为杯状，高约 5 毫米，顶端平截，直径达 4 毫米。基部宽约 1 毫米，具纵向沟纹。果期 8—11 月。

生长习性与栽培特点：樟喜光，稍耐阴；喜温暖湿润气候，耐寒性不强，较耐水湿，常生长于山坡或沟谷中，喜腐殖质黑土或微酸性至中性砂质土壤。以种子育苗后移栽繁殖。移植时要注意保持土壤湿度，水涝容易导致其因烂根缺氧而死。主根发达，具深根性，能抗风。

景观效果：樟枝叶茂密，冠大荫浓，树姿雄伟，能吸烟滞尘、涵养水源、固土防沙和美化环境，是城市绿化的优良树种，广泛作为庭荫树、行道树、防护林及风景林，也常用于园林观赏，植于小区、园林、校园、工厂、庭院的路边、建筑物前。在草地中丛植、群植、孤植或作为背景树尤为雄伟壮观。樟还是江南民间及寺庙喜种的传统景观树，古时即有"前樟后朴"之种植习俗，具有避邪、长寿、庇福及吉祥等寓意。

樟 树皮

樟 株型

樟 花

樟 叶

樟 景观效果 1

樟 果

樟 景观效果 2

紫荆

别名：紫珠、裸枝树、加拿大紫荆

科属分类：豆科 紫荆属

株型：丛生或单生灌木，高 2~5 米。

枝干：树皮和小枝呈灰白色。

叶：叶纸质，近圆形或三角状圆形，长 5~10 厘米，宽与长相仿，先端急尖，基部浅至深心形，两面通常无毛，嫩叶绿色，仅叶柄略带紫色，叶缘为膜质，透明，新鲜时明显可见。

花：花呈紫红色或粉红色，2~10 朵成束，簇生于老枝和主干上，尤以主干上花束较多，越到上部幼嫩枝条越多，花越少，通常先于叶开放，但嫩枝或幼株上的花则与叶同时开放，花长 1~1.3 厘米，花梗长 3~9 毫米，龙骨瓣基部具深紫色斑纹。花期 3—4 月。

果：荚果为扁狭长形，绿色，长 4~8 厘米，宽 1~1.2 厘米，翅宽约 1.5 毫米，先端急尖或短渐尖，基部长渐尖，两侧缝线对称或近对称；果颈长 2~4 毫米；种子 2~6 颗，阔长圆形，长 5~6 毫米，宽约 4 毫米，黑褐色，光亮。果期 8—10 月。

生长习性与栽培特点：喜光，喜肥沃湿润土壤，耐干旱瘠薄，忌水湿，有一定的耐寒能力，萌芽性强，耐修剪。繁殖方式包括播种、分株、扦插、压条等方法，主要以播种为主。

景观效果：紫荆先花后叶，常常被种于庭院、建筑物前及草坪边缘。早春枝干上布满紫色花朵，艳丽可爱。叶片圆整而有光泽，光影相互掩映，颇为动人。对空气中有害气体有一定的抗性。

紫荆 株型

紫荆 枝干

紫荆 叶

紫荆 花

紫荆 果

紫荆 景观效果

紫薇

别名：痒痒花（树）、紫金花、百日红、无皮树、入惊儿树

科属分类：千屈菜科 紫薇属

株型：属于落叶灌木或小乔木，高可达7米。

枝干：枝干多扭曲，小枝纤细，具4棱，略成翅状。树皮一般都是光滑的，呈灰色或灰褐色。

叶：叶互生或有时对生，纸质，椭圆形、阔矩圆形或倒卵形，长2.5~7厘米，宽1.5~4厘米，顶端短尖或钝形，有时微凹，基部为阔楔形或近圆形，无毛或下面沿中脉有微柔毛，侧脉3~7对，小脉不明显；无柄或叶柄很短。

花：花呈淡红色或紫色、白色，直径3~4厘米，常组成7~20厘米的顶生圆锥花序；花梗长3~15毫米，中轴及花梗均被柔毛；花萼长7~10毫米，外面平滑无棱，但有时萼筒有微突起短棱，两面无毛，有6个裂片，三角形，直立，无附属体；花瓣6片，皱缩，长12~20毫米，具长爪。花期6—9月，花期长。

果：蒴果为椭圆状球形或阔椭圆形，长1~1.3厘米，幼时呈绿色至黄色，成熟时或干燥时呈紫黑色，室背开裂；种子有翅，长约8毫米。果期9—12月。

生长习性与栽培特点：紫薇喜光，略耐阴，尤喜深厚肥沃的砂质土壤，好生长于略有湿气之地，亦耐干旱，忌涝，忌种在地下水位高的低湿地方，性喜温暖，而能抗寒，萌蘖性强。紫薇的繁殖育苗可用播种、扦插、压条、嫁接及分株等法，这些方法中压条、嫁接方法繁殖量较小，可用于培养新品种；紫薇在大面积育苗生产中常用播种及扦插法。紫薇栽培养护管理比较粗放，但要及时剪除枯枝、病虫枝。

景观效果：紫薇具有极高的观赏价值，并且具有易栽、易管理的特点。在园林中可根据当地的实际情况和造景的需求，采用孤植、对植、群植、丛植和列植等方式进行科学而艺术的造景，如丛植或群植于山坡、平地或风景区内，配植于水滨、池畔，观赏效果极佳，还可配植于山石、立峰之旁。紫薇叶色在春天和深秋变红变黄，因而在园林绿化中常将紫薇配植于常绿树群之中，以解决园中色彩单调的弊端；而在草坪中点缀数株紫薇则给人以气氛柔和、色彩明快的感觉。

紫薇 株型

紫薇 枝干

紫薇 花

紫薇 叶

紫薇 果

紫薇 景观效果

紫叶李

别名：红叶李、樱李

科属分类：蔷薇科 李属

株型：灌木或小乔木。

枝干：多分枝，枝条细长，开展状，暗灰色，有时有棘刺。小枝呈暗红色，无毛；冬芽为卵圆形，先端急尖，有数枚覆瓦状排列的鳞片，紫红色，有时鳞片边缘有稀疏缘毛。

叶：叶片呈椭圆、卵或倒卵形，极少量为椭圆状披针形，长 (2)3~6 厘米，宽 2~4(6) 厘米，先端急尖，基部楔形或近圆形，且边缘有圆钝锯齿，有时混有重锯齿，上面深绿色，无毛，中脉微下陷，下面颜色较淡，除沿中脉有柔毛或脉腋有髯毛外，其余部分无毛，中脉和侧脉均突起，侧脉 5~8 对；叶柄长 6~12 毫米，通常无毛或幼时微被短柔毛；托叶膜质，披针形，先端渐尖。

花：单生，淡粉红色的小花一般先于或者同时与叶萌生。盛开时开花 1 朵，少量开 2 朵；花梗长 1~2.2 厘米，且表面无毛或微被短柔毛；花直径为 2~2.5 厘米；萼筒钟状，萼片长卵形，先端圆钝，边有疏浅锯齿，与萼片近等长，萼筒和萼片外面无毛，萼筒内面有疏生短柔毛；花瓣白色，长圆形或匙形，边缘波状，基部楔形，着生在萼筒边缘；雄蕊 25~30 枚，花丝长短不等，紧密地排成不规则轮状，比花瓣稍短；雌蕊 1 枚，心皮被长柔毛，柱头盘状，花柱比雄蕊稍长，基部被稀长柔毛。花期 4 月。

果：核果为近球形或椭圆形，长宽几乎相等，直径约 2~3 厘米，有黄、红、黑三色，表面有蜡粉，同时具有与核相粘的浅侧沟。核为椭圆形或卵球形，先端急尖，浅褐带白色，表面平滑或粗糙或有时呈蜂窝状，背缝具沟，腹缝有时扩大，具 2 侧沟。果期 8 月。

生长习性与栽培特点：喜阳，在光照不足时叶色不鲜艳。喜温暖、湿润环境，不耐干旱。对土壤适应性强，在肥沃、深厚、排水良好的黏质中性、酸性土壤中生长良好，较耐湿，不耐碱。生长势强，萌芽力亦强。可以桃、李、梅、杏或山桃为砧木进行嫁接。

景观效果：紫叶李是著名观叶树种，孤植、群植皆宜，能衬托背景。其整个生长季节都为紫红色，适宜在建筑物前及园路旁或草坪角隅处栽植。在我国很多园林中都很常见，它尤胜在乌紫发亮的叶子，从绿叶丛中一眼望去，就如一朵朵花，引人注目又不喧宾夺主。

紫叶李 株型

紫叶李 枝干

紫叶李 叶

紫叶李 花

紫叶李 果

紫叶李 景观效果

紫玉兰

别名：辛夷、木笔

科属：木兰科 木兰属

株型：高达 3 米。

枝干：树皮呈灰褐色，小枝呈绿紫色或淡褐紫色。

叶：叶为椭圆状倒卵形或倒卵形，长 8~18 厘米，宽 3~10 厘米，先端急尖或渐尖，基部渐狭，上面深绿色，幼嫩时疏生短柔毛，下面灰绿色，沿脉有短柔毛；侧脉每边 8~10 条，叶柄长 8~20 毫米，托叶痕约为叶柄长之半。

花：花蕾为卵圆形，被淡黄色绢毛；花、叶同时萌生，花直立于粗壮、被毛的花梗上，稍有香气；花被 9~12 片，外轮 3 片为萼片状，紫绿色，常早落，内两轮肉质，外面紫色或紫红色，内面带白色，长 8~10 厘米，宽 3~4.5 厘米；雄蕊紫红色，长 8~10 毫米，花药长约 7 毫米，侧向开裂，药隔伸出成短尖头；雌蕊群长约 1.5 厘米，淡紫色，无毛。花期 3—4 月。

果：聚合果呈深紫褐色，圆柱形，长 7~10 厘米；成熟蓇葖近圆球形，顶端具短喙。果期 8—9 月。

生长习性与栽培特点：产于福建、湖北、四川、云南西北部，生长于海拔 300~1600 米的山坡林缘。喜温暖湿润和阳光充足的环境，较耐寒，但不耐旱和盐碱，怕水淹，适宜肥沃、排水好的砂质土壤。

景观效果：紫玉兰是著名的早春观赏花木，早春开花时，满树紫红色花朵，幽姿淑态，别具风情，适合在古典园林中厅前院后配植，也可孤植或散植于小庭院内。

紫玉兰 株型

紫玉兰 枝干

紫玉兰 叶

紫玉兰 花

紫玉兰 果

紫玉兰 景观效果

灌木类

八角金盘

别名：八金盘、八手、手树
科属分类：五加科 八角金盘属
株型：常绿灌木或小乔木，高达 5 米，常成丛生状。
枝干：幼嫩枝叶具易脱落性的褐色毛，茎光滑无刺。
叶：叶柄长 10~30 厘米；叶片大，革质，近圆形，直径 12~30 厘米，掌状，有 7~9 个深裂，裂片呈长椭圆状卵形，先端短渐尖，基部心形，边缘有疏离粗锯齿，上表面呈暗亮绿色，下面色较浅，有粒状突起，边缘有时呈金黄色；侧脉在两面隆起，网脉在下面稍显。
花：圆锥花序顶生，长 20~40 厘米；伞形花序直径 3~5 厘米，花序轴被褐色绒毛；花萼近全缘，无毛；花瓣 5 片，卵状三角形，长 2.5~3 毫米，黄白色，无毛；雄蕊 5 枚，花丝与花瓣等长；子房在下位，5 室，每室有 1 个胚球；花柱 5 个，分离；花盘为凸起半圆形。
果：果近球形，直径 5 毫米，成熟时黑色。果熟期翌年 4 月。
生长习性与栽培特点：喜温暖湿润的气候，耐阴，不耐干旱，有一定耐寒力。
景观效果：八角金盘是优良的观叶植物。八角金盘四季常青，叶片硕大，叶形优美，浓绿光亮，是深受欢迎的室内观叶植物。适应室内弱光环境，为宾馆、饭店、写字楼常用的绿植，亦可作为室内花坛衬底和插花配材。适宜配植于庭院、门旁、窗边、墙隅及建筑物背阴处，也可点缀在溪流滴水之旁，还可成片群植于草坪边缘及林地。对二氧化硫抗性较强，也适于在厂矿区、街道种植。

八角金盘 株型

八角金盘 枝干

八角金盘 叶

八角金盘 花

八角金盘 景观效果

八角金盘 果

芭蕉

别名：甘蕉、芭苴
科属分类：芭蕉科 芭蕉属
株型：植株高 2.5~4 米。
茎：茎由叶鞘重叠而成，故称假茎，茎略带红色或黄绿色，表面光滑，有厚的中肋。
叶：叶片长圆形，长 2~3 米，宽 25~30 厘米，先端钝，基部圆形或不对称，叶面鲜绿色，有光泽；叶柄粗壮，长达 30 厘米。
花：花序顶生，下垂，顶端有小尖头，苞片呈红褐色或紫色，花呈黄色，雄花生于花序的上方，雌花生于花序的下方。雌花在每一苞片内有 10~16 朵，排成 2 列；合生花被片长 4~4.5 厘米，离生花被片几乎与合生花被片等长，顶端具小尖头。
果：浆果为三棱状长圆形，长 5~7 厘米，具 3~5 棱，近无柄，肉质，内具多数种子。种子黑色，具疣突及不规则棱角，宽 6~8 毫米。
生长习性与栽培特点：芭蕉是多年生的草本植物，叶子大而宽，喜阳，耐寒力弱，耐半阴，茎分生能力强，适应性较强，生长较快。土地肥沃的地方十分适合种植芭蕉。繁殖方法多采用分株繁殖，宜在 4 月上旬进行。分株时，先在芭蕉周围用铁锹或锄头将泥土挖开，让小芭蕉头和匍匐茎根裸露出来，再用刀从母体上将匍匐茎根一起切下，切下的小芭蕉头就是分株繁殖的种苗。
景观效果：芭蕉是园林中重要的植物，可形成一定的种植规模和造景模式。其可丛植于庭前屋后，或植于窗前院落，掩映成趣，更加彰显芭蕉清雅秀丽之逸姿。芭蕉还常与其他植物搭配种植，组合成景。蕉、竹配植是最为常见的组合，二者生长习性、地域分布、物色神韵颇为相近，有"双清"之称。

芭蕉 株型

芭蕉 茎

芭蕉 叶

芭蕉 花

芭蕉 果

芭蕉 景观效果

常春藤

别名：三角藤、爬树藤、三角风、散骨风

科属分类：五加科 常春藤属

株型：多年生常绿攀缘灌木。

茎：茎长 3~20 米，灰棕色或黑棕色，有气生根；一年生枝疏生锈色鳞片，鳞片通常有 10~20 条辐射肋。

叶：叶片革质，在不育枝上通常为三角状卵形或三角状长圆形，少量为三角形或箭形，叶长 5~12 厘米，宽 3~10 厘米，先端短渐尖，基部截形，少量为心形，边缘全缘或 3 裂。花枝上的叶片通常为椭圆状卵形或椭圆状披针形，略歪斜而带菱形，少量为卵形或披针形，极少量为阔卵形、圆卵形或箭形，长 5~16 厘米，宽 1.5~10.5 厘米，先端渐尖或长渐尖，基部楔形或阔楔形，少量为圆形，全缘或有 1~3 浅裂，上面为深绿色，有光泽，下面为淡绿色或淡黄绿色，无毛或疏生鳞片，侧脉和网脉两面均明显；叶柄细长，长 2~9 厘米，有鳞片，无托叶。

花：伞形花序单个顶生，或 2~7 个总状排列，或呈伞房状排列成圆锥花序，花呈淡黄白色或淡绿白色，芳香；萼密生棕色鳞片，长 2 毫米，边缘近全缘；花盘隆起，黄色；花柱全部合生成柱状。花期 9—11 月。

果：果实球形，红色或黄色，直径 7~13 毫米，宿存花柱长 1~1.5 毫米。果期次年 3—5 月。

生长习性与栽培特点：阴性藤本植物，也能生长在全光照的环境中，在温暖湿润的气候条件下生长良好，不耐寒。对土壤要求不严，喜湿润、疏松、肥沃的土壤，不耐盐碱。常春藤的茎蔓容易生根，通常采用扦插繁殖。除扦插外，也可以进行压条繁殖。

景观效果：常春藤是非常好的绿化植物，吸附性强，易于攀缘，枝叶繁盛茂密，四季常青，可修剪造型。常在园林庭院中攀缘于假山、岩石，或者建筑物的阴面，作为垂直绿化材料。

常春藤 株型

常春藤 茎

常春藤 叶

常春藤 花

常春藤 果

常春藤 景观效果

大叶黄杨

别名：冬青卫矛、正木

科属分类：黄杨科 黄杨属

株型：灌木或小乔木，高 0.6~2 米，胸径 5 厘米。

茎：小枝四棱形（在末梢的小枝近圆柱形，具钝棱和纵沟），光滑，无毛，节间长 2~3.5 厘米。

叶：叶革质或薄革质，呈卵形、椭圆状或长圆状披针形以至披针形，长 4~8 厘米，宽 1.5~3 厘米（稀披针形，长达 9 厘米，或菱状卵形，宽达 4 厘米），先端渐尖，顶钝或锐，基部楔形或急尖，边缘下曲，叶面光亮，中脉在两面均凸出，侧脉多条，与中脉成 40~50 度角，通常两面均明显，仅叶面中脉基部及叶柄被微细毛，其余均无毛；叶柄长 2~3 毫米。

花：花序腋生，花序轴长 5~7 毫米，有短柔毛或近无毛；苞片为阔卵形，先端急尖，背面基部被毛，边缘狭，干膜质。雄花：8~10 朵，花梗长约 0.8 毫米，外萼片为阔卵形，长约 2 毫米，内萼片圆形，长 2~2.5 毫米，背面均无毛，雄蕊连花药长约 6 毫米，不育雌蕊高约 1 毫米。雌花：萼片为卵状椭圆形，长约 3 毫米，无毛。子房长 2~2.5 毫米。花柱直立，长约 2.5 毫米，先端微弯曲，柱头倒心形，下延达花柱的 1/3 处。花期 3—4 月。

果：蒴果近球形，长 6~7 毫米，角状宿存花柱较果稍短，宿存花柱长约 5 毫米，斜向挺出。果期 6—7 月，成熟期 9—10 月。

生长习性与栽培特点：大叶黄杨喜光，稍耐阴，有一定的耐寒力，在淮河流域可露地自然越冬，在华北地区需保护越冬，在东北和西北的大部分地区均作盆栽。对土壤要求不严，在微酸、微碱土壤中均能生长，在肥沃和排水良好的土壤中生长迅速，分枝也多。常用扦插、嫁接、压条法繁殖，以扦插繁殖为主，适应性强，无需特殊管理，极易成活。苗木移植多在春季 3—4 月进行，小苗可裸根移栽，大苗需带土球移栽，按绿化需要剪为成形的绿篱或单株，每年春、夏各进行一次剪修。

景观效果：大叶黄杨枝叶茂密，四季常青，叶色亮绿，且有许多花枝、斑叶变种，是美丽的观叶树，园林中常用作绿篱及背景种植材料，亦可丛植于草地边缘或列植于园路两旁；修饰成型后，更适合于规划式对称配植。

大叶黄杨 株型

大叶黄杨 叶

大叶黄杨 花

大叶黄杨 果

大叶黄杨 景观效果 1

大叶黄杨 景观效果 2

棣棠花

别名：鸡蛋黄花、土黄条、三月花、金棣棠、青通花、通花条、清明花、小通花、地团花、金钱花、金旦子花

科属分类：蔷薇科 棣棠花属

株型：落叶灌木，高 1~2 米，少数达 3 米。

枝干：小枝绿色，圆柱形，无毛，常拱垂，嫩枝有棱角。枝条折断后可见白色的髓。

叶：叶互生，呈三角状卵形、卵圆形、卵形或者卵状椭圆形，顶端长渐尖，基部圆形、截形或微心形，边缘有尖锐重锯齿，两面绿色，上面无毛或有稀疏柔毛，下面沿脉或脉腋有柔毛，叶柄长 5~10 毫米，无毛。托叶膜质，带状披针形，有缘毛，早落。

花：花两性，着生在当年生侧枝顶端，花梗无毛，花直径 2.5~6 厘米；萼片为卵状椭圆形，顶端急尖，有小尖头，全缘，无毛，果时宿存；花瓣黄色，宽椭圆形，顶端下凹，长度为萼片的 1~4 倍。花期 4—6 月。

果：瘦果为倒卵形至半球形，褐色或黑褐色，表面无毛，有褶皱。果期 6—8 月。

生长习性与栽培特点：在温暖湿润和半阴环境中棣棠花长势较好，其耐寒性比较差，对于土壤的要求不严，最适宜在肥沃、疏松的砂质土壤中生长。以分株、扦插和播种法繁殖。

景观效果：棣棠花枝叶翠绿细柔，金花满树，主要栽培在墙隅、水畔、坡地、林缘及草坪边缘，用作花径、花篱。

棣棠花 株型

棣棠花 枝干

棣棠花 叶

棣棠花 花

棣棠花 果

棣棠花 景观效果

杜鹃

别名：杜鹃花、山石榴、唐杜鹃、映山红、照山红

科属分类：杜鹃花科 杜鹃属

株型：落叶灌木，高 2~5 米。

茎：分枝多而纤细，密被亮棕褐色扁平糙伏毛。

叶：叶革质，常集生枝端，卵形、椭圆状卵形、倒卵形、倒披针形，长 1.5~5 厘米，宽 0.5~3 厘米，先端短渐尖，基部楔形或宽楔形，边缘微反卷，具细齿，上面为深绿色，疏被糙伏毛，下面为淡白色，密被褐色糙伏毛，中脉在上面凹陷，下面凸出；叶柄长 2~6 毫米，密被亮棕褐色扁平糙伏毛。

花：花芽为卵球形，鳞片外面中部以上被糙伏毛，边缘具睫毛。一般春季开花，花 2~3(6) 朵簇生枝顶；花梗长 8 毫米，密被亮棕褐色扁平糙伏毛；中脉在上面凹陷，下面凸出。花萼有 5 个深裂，裂片为三角状长卵形，长 5 毫米，被糙伏毛，边缘具睫毛；花冠漏斗形，呈玫瑰色、鲜红色或暗红色，花色繁茂艳丽，长 3.5~4 厘米，宽 1.5~2 厘米，裂片 5 个，倒卵形，长 2.5~3 厘米，上部裂片具深红色斑点；雄蕊 10 枚，长约与花冠相等，花丝线状，中部以下被微柔毛；子房卵球形，10 室，密被亮棕褐色糙伏毛，花柱伸出花冠外，无毛。花期 4—5 月。

果：蒴果呈卵球形，长达 1 厘米，密被糙伏毛；结果后，花萼宿存。果期 6—8 月。

生长习性与栽培特点：性喜凉爽、湿润、通风的半阴环境，既怕酷热又怕严寒，生长适温为 12℃ ~25℃，夏季气温超过 35℃，则新梢、新叶生长缓慢，处于半休眠状态。夏季要防晒遮阴，适宜在光照强度不大的散射光下生长，光照过强，嫩叶易被灼伤，新叶和老叶会出现焦边，严重时会导致植株死亡。冬季，露地栽培杜鹃要采取措施进行保暖防寒，以保其安全越冬。观赏类的杜鹃中，西鹃抗寒力最弱，气温降至 0℃以下容易发生冻害。定期修剪整枝是日常维护管理工作中的一项重要措施，能促进其生长。

景观效果：杜鹃枝繁叶茂，绮丽多姿，萌发力强，耐修剪，根桩奇特，是优良的盆景材料，最宜在林缘、溪边、池畔及岩石旁成丛成片栽植，是制作花篱的良好材料，也可散植于疏林下。花季时，杜鹃总是给人热闹而喧腾的感觉，而非花季时，深绿色的叶片也很适合在庭院中作为矮墙或屏障。

杜鹃 株型

杜鹃 景观效果 1

杜鹃 叶

杜鹃 花

杜鹃 景观效果 2

枸骨

别名： 老虎刺、八角刺、狗骨刺、鸟不宿、猫儿刺、猫儿香、老鼠树

科属分类： 冬青科 冬青亚属

株型： 常绿灌木或小乔木，高 (0.6)1~3 米。

枝干： 幼枝具纵脊及沟，沟内被微柔毛或无毛，二年生枝为褐色，三年生枝为灰白色，具纵裂缝及隆起的叶痕，无皮孔。

叶： 叶片厚革质，叶二型，长 4~9 厘米，宽 2~4 厘米，四角状长圆形，先端宽三角形，有硬刺齿。叶先端具 3 枚尖硬刺，中央刺齿常反曲，基部为圆形或近截形平截，两侧各具 1~3 对刺齿。叶面呈深绿色，具光泽，背呈淡绿色，无光泽，两面无毛，主脉在下面突起，背面隆起侧脉 5~6 对，于叶缘附近网结，在叶面不明显，在背面突起，网状脉在两面不明显；叶柄长 4~8 毫米，上面具狭沟，被微柔毛；托叶骈胝质，宽三角形。

花： 花序簇生于两年生的叶腋，基部宿存鳞片近圆形，被柔毛，具缘毛；苞片卵形，先端钝或具短尖头，被短柔毛，具缘毛，裂片膜质，淡黄绿色。雄花花梗长 5~6 毫米，无毛，基部具 1~2 枚阔三角的小苞片；花萼盘状，直径 2.5 毫米，裂片膜质，阔三角形，长约 0.7 毫米，宽约 1.5 毫米，疏被微柔毛，具缘毛；花冠直径约 7 毫米，花瓣长圆状卵形，长 3~4 毫米；雄蕊与花瓣几乎等长（或稍长）；退化子房近球形。雌花花梗长 8~9 毫米，无毛，基部具 2 枚小的阔三角形苞片；退化雄蕊长为花瓣的 4/5。花期 4—5 月。

果： 果梗长 8~14 毫米。果为球形，直径 0.8~1 厘米，成熟时呈鲜红色，宿存柱头盘状，呈明显 4 裂；分核 4 个，倒卵形或椭圆形，长 7~8 毫米，背部密被皱纹及纹孔，背部中央有一条纵沟，内果皮骨质。果期 10—12 月。

生长习性与栽培特点： 耐干旱，每年冬季施入基肥，喜肥沃的酸性土壤，不耐盐碱，较耐寒，在长江流域可露地越冬，能耐 –5℃ 的短暂低温。喜阳光，也能耐阴，宜放于阴湿的环境中生长。枸骨的繁殖多采用播种法和扦插法。生长旺盛时期需勤浇水，一般需保持盆土湿润、不积水，夏季需常向叶面喷水，以利蒸发降温。一般春季每 2 周施一次稀薄的饼肥水，秋季每月追肥一次，夏季可不施肥，冬季施一次肥。枸骨萌发力很强，很耐修剪，对成景的作品，平时可剪去不必要的徒长枝、萌发枝和多余的芽，以保持一定的树型。对需加工的树材，可根据需要保留一定的枝条，以利加工造型。作为盆景通常 2~3 年翻盆一次，常于春季 2—3 月进行，也可在秋后树木进入休眠期时进行。

景观效果： 枸骨枝叶稠密，叶形奇特，深绿光亮，入秋红果累累，经冬不凋，鲜艳美丽，是良好的观叶、观果树种。宜作基础种植及岩石园材料，也可孤植于花坛中心，对植于前庭、路口，或丛植于草坪边缘。同时又是很好的绿篱（兼有果篱、刺篱的效果）及盆栽材料，选其老桩制作盆景亦饶有风趣。

枸骨 株型

枸骨 枝干

枸骨 叶

枸骨 花

枸骨 果

枸骨 景观效果

海桐

别名：海桐花、山瑞香

科属分类：海桐科 海桐花属

株型：常绿灌木或小乔木，高达6米。

枝干：嫩枝被褐色柔毛，有皮孔。

叶：叶聚生枝顶，二年生，革质，初两面被柔毛，后脱落无毛，倒卵形或倒卵状披针形，长4~9厘米，宽1.5~4厘米，上面深绿色，发亮，干后晦暗无光。先端圆或钝，基部窄楔形，侧脉6~8对，全缘，干后反卷；叶柄长达2厘米。

花：伞形或伞房状伞形，花序顶生或近顶生，密被黄褐色柔毛；苞片披针形，长4~5毫米；小苞片长2~3毫米，均被褐色毛。花白色，有香气，后变黄色；花梗长1~2厘米；萼片卵形，长3~4毫米，被柔毛；花瓣倒披针形，长1~1.2厘米，离生；雄蕊2枚，退化雄蕊花丝长2~3毫米，花药几不育，发育正常的雄蕊花丝长5~6毫米，花药长圆形，长2毫米，黄色；子房长卵形，被柔毛，侧膜胎座3个，胚珠多枚，呈2列着生于胎座中段。

果：蒴果为圆球形，有棱或为三角形，直径12毫米，有毛，子房柄长1~2毫米，3片裂开，果片木质，厚1.5毫米。内侧黄褐色，有光泽，聚横格；种子多数，长4毫米，多角形，红色，种柄长2毫米。

生长习性与栽培特点：海桐对气候的适应性较强，能耐寒冷，亦颇耐暑热。长江流域以南、滨海各省、内地栽培多为观赏之用。可露地安全越冬。对土壤的适应性强，在黏土、砂土及轻盐碱土中均能正常生长。用播种或扦插方法繁殖。翌年3月中旬播种，用条播法，种子发芽率约50%。幼苗生长较慢，实生苗一般需2年生方宜上盆，3~4年生方宜带土团出圃定植。扦插于早春新叶萌动前剪取1~2年生嫩枝，每段截成15厘米长，插入湿沙床内。

景观效果：海桐枝叶繁茂，树冠呈球形，下枝覆地；叶色浓绿而有光泽，经冬不凋，初夏花朵清丽芳香，入秋果实开裂露出红色种子，也颇为美观。其在气候温暖的地方，是理想的花坛造景树，或造园绿化树种，通常可作绿篱栽植，也可孤植、丛植于草丛边缘、林缘或门旁，列植在路边。

海桐 株型

海桐 枝干

海桐 叶

海桐 花

海桐 果

海桐 景观效果

红花檵木

别名：红继木、红桎木、红桎木、红檵花、红桎花、红桎花、红花继木

科属分类：金缕梅科　檵木属

株型：为檵木的变种，常绿灌木或小乔木。

枝干：树皮呈暗灰色或浅灰褐色，多分枝。嫩枝呈红褐色，密被星状毛。

叶：叶革质互生，卵圆形或椭圆形，长 2~5 厘米，宽 1.5~2.5 厘米，先端短尖，基部钝而偏斜，不对称，不等侧，叶面呈暗红色；上面略有粗毛或秃净，干后暗绿色，无光泽，下面被星毛，稍带灰白色；侧脉约 5 对，在上面明显，在下面突起；全缘。叶柄长 2~5 毫米，有星毛；托叶膜质，三角状披针形，长 3~4 毫米，宽 1.5~2 毫米，早落。

花：花 3~8 朵簇生，有短花梗，白色，比新叶先开放，或与嫩叶同时开放；花序柄长约 1 厘米，被毛；苞片线形，长 3 毫米；萼筒为杯状，被星毛，萼齿为卵形，长约 2 毫米；花瓣 4 片，带状，长 1~2 厘米，先端圆或钝；雄蕊 4 枚，花丝极短，药隔突出成角状；退化雄蕊 4 枚，鳞片状，与雄蕊互生；子房完全下位，被星毛；花柱极短，长约 1 毫米；胚珠 1 个，垂生于心皮内上角。花期 3—4 月。

果：蒴果为卵圆形，长 7~8 毫米，宽 6~7 毫米，先端圆，被褐色星状绒毛。种子为圆卵形，长 4~5 毫米，黑色，发亮。果期 8 月。

生长习性与栽培特点：喜光，稍耐阴，但阴时叶色容易变绿。适应性强，喜温暖，耐寒冷，耐旱，耐瘠薄，但适宜在肥沃、湿润的微酸性土壤中生长。可用嫁接、扦插、播种三种方式繁殖。红花檵木具有萌发力强、耐修剪的特点，在早春、初秋等生长季节进行轻、中度修剪，配合正常水肥管理。生长季节中，摘去红花檵木的成熟叶片及枝梢，经过正常管理 10 天左右即可再抽出嫩梢，长出鲜红的新叶。

景观效果：红花檵木可孤植、丛植或群植。孤植时宜选株形高大丰满的植株植于重要位置或视线的集中点，如入口的附近、庭院或草坪中，独立成景，并使其与周围景观形成强烈对比，以发挥景观的中心视点或引导视线的作用。丛植时可与其他绿色树种搭配，起到锦上添花的作用，丰富景观色彩，活跃园林气氛。群植时用一年生红花檵木的小苗在绿地密植组成色块，可与其他色彩的植物组成多彩花坛，通过叶色反差形成色彩对比，亦可将红花檵木定向培养或造型为动物、几何造型等绿色雕塑，作为园林小品安置在绿地中。

红花檵木 株型

红花檵木 枝干

红花檵木 叶

红花檵木 花 1

红花檵木 花 2

红花檵木 景观效果

红瑞木

别名：凉子木、红瑞山茱萸

科属分类：山茱萸科　梾木属

株型：落叶灌木，高达 3 米。

茎：树皮呈紫红色；幼枝有淡白色短柔毛，随后即秃净而被蜡状白粉；老枝呈红白色，散生灰白色圆形皮孔及略为突起的环形叶痕。冬芽为卵状披针形，长 3~6 毫米，被灰白色或淡褐色短柔毛。

叶：叶对生，纸质，椭圆形，少量为卵圆形，长 5~8.5 厘米，宽 1.8~5.5 厘米，先端突尖，基部楔形或阔楔形，边缘全缘或波状反卷，上面呈暗绿色，有极少的白色平贴短柔毛，下面呈粉绿色，被白色贴生短柔毛，有时脉腋有浅褐色髯毛，中脉在上面微凹陷，下面凸起，侧脉 4~6 对，弓形内弯，在上面微凹下，下面凸出，细脉在两面微显明。

花：伞房状聚伞花序顶生，较密，宽 3 厘米，被白色短柔毛；总花梗圆柱形，长 1.1~2.2 厘米，被淡白色短柔毛；花小，白色或淡黄白色，长 5~6 毫米，直径 6~8.2 毫米；花萼有 4 个裂片，尖三角形，长 0.1~0.2 毫米，短于花盘，外侧有疏生短柔毛；花瓣 4 片，卵状椭圆形，长 3~3.8 毫米，宽 1.1~1.8 毫米，先端急尖或短渐尖，上面无毛，下面疏生贴生短柔毛；雄蕊 4 枚，长 5~5.5 毫米，着生于花盘外侧，花丝线形，微扁，长 4~4.3 毫米，无毛，花药淡黄色，2 室，卵状椭圆形，长 1.1~1.3 毫米，丁字形着生；花盘垫状，高 0.2~0.25 毫米；花柱圆柱形，长 2.1~2.5 毫米，近于无毛，柱头盘状，宽于花柱，子房下位；花托倒卵形，长 1.2 毫米，直径 1 毫米，被贴生灰白色短柔毛；花梗纤细，长 2~6.5 毫米，被淡白色短柔毛，与子房交接处有关节。花期 6—7 月。

果：核果为长圆形，微扁，长约 8 毫米，直径 5.5~6 毫米，成熟时为乳白色或蓝白色，花柱宿存；核为棱形，侧扁，两端稍尖呈喙状，长 5 毫米，宽 3 毫米，每侧有脉纹 3 条；果梗为细圆柱形，长 3~6 毫米，有疏生短柔毛。果期 8—10 月。

生长习性与栽培特点：喜光，耐半阴，耐寒，耐湿，也耐干瘠。红瑞木喜潮湿温暖的生长环境，适宜生长温度为 22℃~30℃。红瑞木喜肥，在排水通畅、养分充足的环境，生长速度非常快。用播种、扦插和压条等方法繁殖。

景观效果：红端木秋叶鲜红，小果洁白，落叶后枝干红艳如珊瑚，是少有的观茎植物，也是良好的切枝材料。多丛植于草坪上或与常绿乔木相间种植，得红绿相映之效果。

红瑞木 株型

红瑞木 茎

红瑞木 叶

红瑞木 花

红瑞木 果

红瑞木 景观效果

红叶石楠

别名：红罗宾、酸叶石楠

科属分类：蔷薇科 石楠属

株型：常绿小乔木或灌木，乔木高 4~6 米，灌木高 1~2 米。

茎：茎直立，下部呈绿色，茎上部呈紫色或红色，多有分枝。

叶：叶片革质，且叶片表面的角质层非常厚，这也是叶片看起来非常光亮的原因。叶呈长椭圆形至倒卵状披针形，叶端渐尖，叶基楔形，长 9~22 厘米，宽 3~6.5 厘米，先端尾尖，基部圆形或宽楔形，近基部全缘，上面光亮，上部分嫩叶呈鲜红色或紫红色，下部分叶呈绿色或带紫色。幼时中脉有绒毛，成熟后两面皆无毛，中脉显著，侧脉 25~30 对；叶柄粗壮，长 2~4 厘米，幼时有绒毛，以后无毛。

花：花多而密，复伞房花序。花白色，径 1~1.2 厘米。花期为 4—5 月。

果：梨果呈黄红色，能延续至冬季，果期 9—10 月。

生长习性与栽培特点：红叶石楠喜光，喜温暖湿润气候，稍耐阴，耐干旱瘠薄，不耐水湿。多采用扦插繁殖，播种前需对苗圃土壤和种子进行消毒。移栽时需定点挖穴，保证根系土球完整。在定植后的缓苗期内，要特别注意水分管理，如遇连续晴天，在移栽后 3~4 天要浇 1 次水，以后每隔 10 天左右浇 1 次水；如遇连续雨天，要及时排水。待 15 天后，种苗度过缓苗期即可施肥。施肥宜少量多次，不可一次用量过大，以免伤根烧苗，平时要及时除草松土，防土壤板结。

景观效果：红叶石楠生长速度快，且萌芽性强，耐修剪且色彩丰富，可根据园林需要栽培成不同的树形。在园林绿化上用途广泛，可以片植形成色带，也可以与其他彩色植物配合种植修剪成各种图案，还可以作为行道树或群植形成大型绿篱，在居住区、厂地区域、公路和街道旁边种植作为隔离带。孤植时可作为盆栽放置在门前或室内。

红叶石楠 株型

红叶石楠 茎

红叶石楠 叶

红叶石楠 花

红叶石楠 果

红叶石楠 景观效果

黄刺玫

别名：刺玫花、破皮刺玫、硬皮刺

科属分类：蔷薇科 蔷薇属

株型：直立灌木，高 2~3 米。

枝干：枝粗壮，密集，披散；小枝无毛，有散生皮刺，无针刺。

叶：小叶 7~13 片，连叶柄长 3~5 厘米；小叶片为宽卵形或近圆形，少量为椭圆形，先端圆钝，基部为宽楔形或近圆形，边缘有圆钝锯齿，上面无毛，幼嫩时下面有稀疏柔毛，逐渐脱落；叶轴、叶柄有稀疏柔毛和小皮刺；托叶为带状披针形，大部贴生于叶柄，离生部分呈耳状。

花：花单生于叶腋，重瓣或半重瓣，黄色，无苞片；花梗长 1~1.5 厘米，无毛，无腺；花直径 3~4 厘米；萼筒、萼片外面无毛，萼片披针形，全缘，先端渐尖，内面有稀疏柔毛，边缘较密；花瓣呈黄色，宽倒卵形，先端微凹，基部宽楔形，花柱离生，被长柔毛，稍伸出萼筒口外部，比雄蕊短很多。花期为 4—6 月。

果：果近球形或倒卵圆形，紫褐色或黑褐色，直径 8~10 毫米，无毛。果期 7—8 月。

生长习性与栽培特点：喜光，稍耐阴，耐寒力强。对土壤要求不严，耐干旱和瘠薄，在盐碱土中也能生长，以疏松、肥沃土地为佳，不耐水涝。黄刺玫的繁殖主要用分株法。因黄刺玫分蘖力强，重瓣种又一般不结果，分株繁殖方法简单、迅速、成活率高。

景观效果：黄刺玫是春末夏初的重要观赏花木，常作花篱或孤植于庭院或草坪之中。

黄刺玫 株型

黄刺玫 枝干

黄刺玫 叶

黄刺玫 花

黄刺玫 果

黄刺玫 景观效果

火棘

别名：火把果、救军粮、红子刺、吉祥果

科属分类：蔷薇科　火棘属

株型：常绿灌木，高达3米。

枝干：侧枝短，先端刺状，幼时被锈色短柔毛，后无毛。

叶：叶呈倒卵形或倒卵状长圆形，长1.5~6厘米，先端圆钝或微凹，有时具短尖头，基部楔形，下延至叶柄，有钝锯齿，齿尖内弯，近基部全缘，两面无毛；叶柄短，无毛或幼时有柔毛。

花：复伞房花序径3~4厘米，花梗近无毛。花梗长约1厘米；花径约1厘米，被丝托钟状，无毛；萼片为三角状卵形；花瓣呈白色，近圆形，长约4毫米；雄蕊20枚；子房密被白色柔毛，花柱5个，离生。花期为3—5月。

果：果近球形，径约5毫米，橘红色或深红色。果期为8—11月。

生长习性与栽培特点：喜强光，耐贫瘠，抗干旱，不耐寒；在黄河以南露地种植，在华北需盆栽。对土壤要求不严，而以排水良好、湿润、疏松的中性或微酸性土壤为好。有播种、扦插两种繁殖方法。火棘施肥应依据不同的生长发育期进行。移栽定植时要下足基肥；之后，为促进枝干的生长发育和植株尽早成形，施肥应以氮肥为主；植株成形后，在开花前应适当多施磷、钾肥；冬季停止施肥。开花期保持土壤偏干，有利坐果，故不要浇水过多。如果花期正值雨季，还要注意挖沟、排水，避免植株因水分过多造成落花。果实成熟收获后，在进入冬季休眠前要灌足越冬水。火棘自然状态下树冠杂乱而不规整，内膛枝条常因光照不足呈纤细状，结实力差，为促进生长和结果，每年要对徒长枝、细弱枝和过密枝进行修剪，以利于通风透光和促进新梢生长。

景观效果：火棘适应性强，耐修剪，喜萌发，自然抗力性强，作绿篱具有优势。还可以通过整形，错落有致地栽植于草坪之上，点缀于庭院深处，红彤彤的火棘果使人在寒冷的冬天里有一种温暖的感觉，若规则式地布置在道路两旁或中间绿化带，还能起到美化和醒目的作用。

火棘 株型

火棘 枝干

火棘 叶

火棘 花

火棘 果

火棘 景观效果

结香

别名：打结花、打结树、黄瑞香、家香、喜花、梦冬花

科属分类：瑞香科 结香属

株型：灌木，高 0.7~1.5 米。

枝干：小枝粗壮，常三叉分枝，褐色，幼枝常被短柔毛，叶痕大，直径约 5 毫米。

叶：叶在花前凋落，呈长圆形、披针形至倒披针形，长 8~20 厘米，宽 2.5~5.5 厘米，先端短尖，基部楔形或渐狭，两面被银灰色绢状毛，下面较多，侧脉纤细，弧形，每边 10~13 条，被柔毛；叶柄长 1~1.5 厘米，被毛。

花：头状花序顶生或侧生，具花 30~50 朵，成绒球状，花序梗长 1~2 厘米，被灰白色长硬毛；花黄色，芳香，无梗，密被丝状毛，内面无毛；裂片 4 个，近圆形，长约 3.5 毫米；雄蕊 8 枚，2 列，上列 4 枚与花萼裂片对生，下列与花萼裂片互生，花丝短；花药近卵形；子房椭圆形，顶部丛生白色丝状毛；花柱线形，长约 2 毫米；柱头棒状，具乳突；花盘浅杯状，膜质，边缘不整齐。花期为冬末春初。

果：果椭圆形，长约 8 毫米，直径约 3.5 毫米，绿色，顶端有毛。果期为春夏。

生长习性与栽培特点：结香喜半阴，可在背靠北墙面向南之处栽种或放置，以盛夏可避烈日，冬季可晒太阳为最好，可采用分株、扦插、压条三种方式繁殖。结香适应性强，病虫害少，无须特殊管理亦能开花，每当老枝衰老之时，及时修剪更新。移植在冬春季节进行，一般可裸根移植，成丛大苗宜带泥球。要使其花多而香，则以排水良好而肥沃的砂质土壤为好，忌盐碱土。浇水施肥要适度。在生长季节宜常浇水，以保持稍湿润状态为佳，积水易烂根，过干易落叶，都会导致翌春花少。开花后施一次以氮肥为主的肥料，促枝叶成长，入秋施一次以磷钾肥为主的复合肥，促其花芽分化，其余时间不施肥。

景观效果：俯瞰结香整体呈圆形，它的枝叶十分美丽，适宜栽植在庭院或用于盆栽观赏。结香姿态优雅，柔枝可打结，常被修剪成各种形状，适宜种植于庭前、路旁、水边、石间、墙隅等地，多用于盆栽观赏。

结香 株型

结香 枝干

结香 叶

结香 花

结香 果

结香 景观效果

金丝桃

别名：狗胡花、土连翘、金丝海棠、金丝莲

科属分类：藤黄科 金丝桃属

株型：半常绿小乔木或灌木，高 0.5~1.3 米。

枝干：丛状或通常有疏生的开张枝条，红色，幼时具 2 个或 4 个纵线棱，待两侧压扁，很快为圆柱形；皮层呈橙褐色。

叶：叶对生，无柄或具短柄，柄长 1.5 毫米；叶片为倒披针形或椭圆形至长圆形，或少量为披针形至卵状三角形或卵形，长 2~11.2 厘米，宽 1~4.1 厘米，先端锐尖至圆形，通常具细小尖突，基部楔形至圆形或上部有时为心形，边缘平坦；叶纸质，上面绿色，下面淡绿色，主侧脉 4~6 对，分枝，常与中脉分枝不分明，第三级脉网密集，不明显，叶片腺体小而呈点状。

花：花序近伞房状，具 1~15(30) 朵花。花径 3~6.5 厘米，星状，花蕾为卵珠形，先端近锐尖至钝形；花梗长 0.8~2.8(5) 厘米；花萼裂片为椭圆形、披针形或倒披针形，基部腺体为线形或条纹状；花瓣呈金黄色或橙黄色，为三角状倒卵形，长 1~2 厘米，无腺体；花柱长为子房的 3.5~5 倍，合生近顶部。花期 5—8 月。

果：蒴果为宽卵珠形或少量为卵珠状圆锥形至近球形，长 6~10 毫米，宽 4~7 毫米。种子呈深红褐色，圆柱形，长约 2 毫米，有狭窄的龙骨状突起，有浅的线状网纹至线状蜂窝纹。果期 8—9 月。

生长习性与栽培特点：生长于山坡、路旁或灌丛中。金丝桃常用分株、扦插和播种法繁殖。分株在冬春季进行，较易成活，扦插用硬枝。播种则在 3—4 月进行，因其种子细小，播后宜稍加覆土，并盖草保湿，一般 20 天即可萌发，头年分栽一次，第二年就能开花。金丝桃不论地栽，还是盆栽，管理都比较容易。

景观效果：金丝桃花冠如桃花，金黄色的花蕊，修长且华丽可爱。金丝桃拥有非常漂亮的叶子，在长江以南冬夏长青，在南方的庭院为常见的观赏植物，或可种植在花园假山旁或街道、草坪上点缀。在北方常作为观赏植物，亦可作切花原料。

金丝桃 株型

金丝桃 枝干

金丝桃 叶

金丝桃 花

金丝桃 果

金丝桃 景观效果

忍冬

别名：金银花、金银藤、银藤、二色花藤、二宝藤、右转藤

科属分类：忍冬科 忍冬属

株型：半常绿藤本。

枝干：小枝上部叶通常两面均密被短糙毛，下部叶常平滑无毛而带青灰色；叶柄长 4~8 毫米，密被短柔毛。

叶：叶纸质，卵形至矩圆状卵形，有时为卵状披针形，少量为圆卵形或倒卵形，极少有 1 至数个钝缺刻，长 3~9.5 厘米，顶端尖或渐尖，少有钝、圆或微凹缺，基部圆形或近心形，有糙缘毛，上面深绿色，下面淡绿色。

花：总花梗通常单生于小枝上部叶腋，与叶柄等长或稍较短，密被短柔毛，并夹杂腺毛；苞片叶状，卵形至椭圆形，长达 2~3 厘米，两面均有短柔毛或有时近无毛；小苞片顶端为圆形或截形，长约 1 毫米，有短糙毛和腺毛；萼筒长约 2 毫米，无毛，萼齿为卵状三角形或长三角形，顶端尖而有长毛，外面和边缘都有密毛；花冠白色，有时基部向阳面呈微红，后变黄色，长 2~6 厘米，唇形，筒稍长于唇瓣，很少近等长，外被倒生的开展或半开展糙毛和长腺毛；雄蕊和花柱均高出花冠。花期 4—6 月（秋季亦常开花）。

果：果实为圆形，直径 6~7 毫米，熟时蓝黑色，有光泽；种子为卵圆形或椭圆形，褐色，长约 3 毫米，中部有一凸起的脊，两侧有浅的横沟纹。果期 10—11 月。

生长习性与栽培特点：喜强光，耐半阴，稍耐旱，耐寒，在中国北方绝大多数地区可露地越冬。忍冬有播种和扦插两种繁殖方法。春季可以播种繁殖，夏季可以采用当年生半木质化枝条进行嫩枝扦插，也可以秋季选取一年生健壮饱满枝条进行硬枝扦插。

景观效果：忍冬春末夏初繁花满树，黄白间杂，芳香四溢；秋后红果满枝头，晶莹剔透，鲜艳夺目，而且挂果期长，经冬不凋，可与瑞雪相辉映，是一种叶、花、果皆美的花木，适合在庭院、水滨、草坪栽培观赏。

忍冬 株型

忍冬 枝干

忍冬 叶

忍冬 花

忍冬 果

忍冬 景观效果

锦带花

别名：锦带、海仙、五色海棠、山脂麻

科属分类：忍冬科 锦带花属

株型：落叶灌木，高达 1~3 米。

枝干：幼枝为四方形，有 2 列短柔毛；树皮呈灰色。芽顶端尖，具 3~4 对鳞片，常光滑。

叶：叶为矩圆形、椭圆形至倒卵状椭圆形，长 5~10 厘米，顶端渐尖，基部为阔楔形至圆形，边缘有锯齿，上面疏生短柔毛，脉上毛较密，下面密生短柔毛或绒毛，具短柄至无柄。

花：花单生或成聚伞花序生于侧生短枝的叶腋或枝顶；花冠呈紫红色或玫瑰红色，长 3~4 厘米，直径 2 厘米，外面疏生短柔毛，裂片不整齐，开展，内面呈浅红色；花丝短于花冠，花药呈黄色。花期 4—6 月。

果：果实长 1.5~2.5 厘米，顶有短柄状喙，疏生柔毛，种子无翅。

生长习性与栽培特点：喜光，耐阴，耐寒；对土壤要求不严，能耐瘠薄土壤，但以深厚、湿润而腐殖质丰富的土壤最好，怕水涝，萌芽力强，生长迅速。常用扦插、分株、压条法繁殖，为选育新品种可采用播种繁殖。栽培容易，病虫害少，花开于 1~2 年生枝上，故在早春修剪时，只需剪去枯枝或老弱枝条，每隔 2~3 年进行一次更新修剪，将 3 年生以上老枝剪去，以促进新枝生长。

景观效果：锦带花的花期正值春花凋零、夏花不多之际，花色艳丽而繁多，故为东北、华北地区重要的观花灌木之一，花期可长达两个多月，在园林应用上亦是华北地区主要的早春花灌木。适宜于庭院墙隅、湖畔群植；也可在树丛林缘作篱笆，或丛植配植；点缀于假山、坡地，也甚适宜。

锦带花 株型

锦带花 枝干1

锦带花 枝干2

锦带花 叶

锦带花 花

锦带花 景观效果

连翘

别名：黄花条、连壳、青翘

科属分类：木犀亚科 连翘属

株型：落叶灌木。

茎：茎上升，多分枝，长 50~80 厘米，上部被腺毛。

叶：叶通常为单叶，或 3 裂至三出复叶，叶片为卵形、宽卵形或椭圆状卵形至椭圆形，长 2~10 厘米，宽 1.5~5 厘米，先端锐尖，基部为圆形、宽楔形至楔形，叶缘除基部外具锐锯齿或粗锯齿，上面深绿色，下面淡黄绿色，两面无毛；叶柄长 0.8~1.5 厘米，无毛。

花：花通常单生或 2 至数朵着生于叶腋，先于叶开放；花梗长 5~6 毫米；花萼为绿色，裂片为长圆形或长圆状椭圆形，长 6~7 毫米，先端钝或锐尖，边缘具睫毛，与花冠管近等长；花冠为黄色，裂片为倒卵状长圆形或长圆形，长 1.2~2 厘米，宽 6~10 毫米；在雌蕊长 5~7 毫米的花中，雄蕊长 3~5 毫米，在雄蕊长 6~7 毫米的花中，雌蕊长约 3 毫米。花期 3—4 月。

果：果为卵球形、卵状椭圆形或长椭圆形，长 1.2~2.5 厘米，宽 0.6~1.2 厘米，先端喙状渐尖，表面疏生皮孔；果梗长 0.7~1.5 厘米。果期 7—9 月。

生长习性与栽培特点：连翘根系发达，其主根、侧根、须根可在土层中密集成网状，吸收和保水能力强；侧根粗而长，须根多而密，可牵拉和固着土壤，防止土块滑移。连翘萌发力强，树冠盖度增加较快，能有效防止雨滴击溅地面，减少侵蚀，具有良好的水土保持作用，是国家推荐的退耕还林优良生态树种和黄土高原防治水土流失的经济作物。

景观效果：连翘树姿优美、生长旺盛，且花期长、花量多，盛开时满枝金黄，芬芳四溢，令人赏心悦目，是早春优良的观花灌木，可以做成花篱、花丛、花坛等，在绿化美化城市方面应用广泛，是观光农业和现代园林难得的优良树种。

连翘 株型

连翘 茎

连翘 叶

连翘 花

连翘 果

连翘 景观效果

麻叶绣线菊

别名：麻叶绣球、粤绣线菊、麻毯、石棒子

科属分类：蔷薇科 绣线菊属

株型：灌木，高达 1.5 米。

枝干：小枝细瘦，圆柱形，呈拱形弯曲，幼时呈暗红褐色，无毛。冬芽小，卵形，先端尖，无毛，有数枚外露鳞片。

叶：叶片为菱状披针形至菱状长圆形，长 3~5 厘米，宽 1.5~2 厘米，先端急尖，基部楔形，边缘自近中部以上有缺刻状锯齿，上面呈深绿色，下面呈灰蓝色，两面无毛，有羽状叶脉；叶柄长 4~7 毫米，无毛。

花：伞形花序具多数花朵；花梗长 8~14 毫米，无毛；苞片为线形，无毛；花直径 5~7 毫米；萼筒为钟状，外面无毛，内面被短柔毛；萼片为三角形或卵状三角形，先端急尖或短渐尖，内面微被短柔毛；花瓣近圆形或倒卵形，先端微凹或圆钝，长与宽都为 2.5~4 毫米，白色。雄蕊 20~28 枚，稍短于花瓣或几乎与花瓣等长；花盘由大小不等的近圆形裂片组成，裂片先端有时微凹，排列成圆环形；子房近无毛，花柱短于雄蕊。花期 4—5 月。

果：蓇葖果直立开张，无毛，花柱顶生，常倾斜开展，具直立开张萼片。果期 7—9 月。

生长习性与栽培特点：性喜温暖和阳光充足的环境。稍耐寒、耐阴，较耐干旱，忌湿涝，分蘖力强。生长适温 15℃~24℃，冬季能耐 −5℃低温。土壤以肥沃、疏松和排水良好的砂质土壤为宜。以扦插、分株繁殖为主，亦可播种繁殖。花后宜疏剪老枝及过密枝。冬施基肥。

景观效果：麻叶绣线菊花繁密，盛开时枝条全被细小的白花覆盖，形似一条条拱形玉带，洁白可爱，叶清丽，可成片配植于草坪、路边、斜坡、池畔，也可单株或数株点缀花坛。

麻叶绣线菊 株型

麻叶绣线菊 花和枝干

麻叶绣线菊 叶

麻叶绣线菊 花

麻叶绣线菊 果

麻叶绣线菊 景观效果

牡丹

别名：鼠姑、鹿韭、白茸、木芍药、洛阳花、富贵花、百雨金

科属分类：毛茛科 芍药属

株型：落叶小灌木。

枝干：高达 2 米，分枝短而粗。

叶：叶通常为二回三出复叶，偶尔近枝顶的叶为 3 小叶；顶生小叶宽卵形，长 7~8 厘米，宽 5.5~7 厘米，3 裂至中部，裂片不裂或有 2~3 个浅裂，表面呈绿色，无毛，背面呈淡绿色，有时具白粉，沿叶脉疏生短柔毛或近无毛，小叶柄长 1.2~3 厘米；侧生小叶为狭卵形或长圆状卵形，长 4.5~6.5 厘米，宽 2.5~4 厘米，不等 2 裂至 3 浅裂或不裂，近无柄；叶柄长 5~11 厘米，和叶轴均无毛，叶柄凹处多为暗紫、紫红、灰褐、黄绿等不同颜色，叶柄也有粗细、硬软、长短之分，长者可达 40 厘米，短者不过 10 厘米；叶柄的长短，特别是叶柄和枝条夹角的大小因品种不同差异较大。

花：花单生枝顶，直径 10~17 厘米；花梗长 4~6 厘米；苞片 5 个，长椭圆形，大小不等；萼片 5 个，绿色，宽卵形，大小不等；花瓣 5 片，或为重瓣，红紫色、粉红色至白色，通常变异很大，倒卵形，长 5~8 厘米，宽 4.2~6 厘米，顶端呈不规则的波状。花期为 5 月。

果：蓇葖果长圆形，密生黄褐色硬毛。果期为 6 月。

生长习性与栽培特点：喜温暖、凉爽、干燥、阳光充足的环境，耐半阴，耐寒，耐旱，忌积水。足够的阳光对其生长较有好处，忌夏季烈日暴晒。适宜在疏松深厚、肥沃、地势高燥、排水良好的环境中生长。繁殖采用分株、嫁接的方式较多，培育新品种多用播种的方法。因为与芍药同属芍药属，又多选用芍药作为砧木。

景观效果：牡丹花大而美丽，色香俱佳，被誉为"国色天香""花中之王"，牡丹为中国特产名花，在中国有 1500 多年的栽培历史，目前是中国国花强有力的候选树种。

牡丹 株型

牡丹 枝干

牡丹 叶

牡丹 花

牡丹 果

牡丹 景观效果

木槿

别名：木锦、荆条、朝开暮落花、喇叭花

科属分类：锦葵科　木槿属

株型：落叶灌木，高 3~4 米。

枝干：小枝密被黄色星状绒毛。

叶：叶为菱形至三角状卵形，长 3~10 厘米，宽 2~4 厘米，具深浅不同的 3 裂或不裂，先端钝，基部楔形，边缘具不整齐齿缺，下面沿叶脉微被毛或近无毛；叶柄长 5~25 毫米，上面被星状柔毛；托叶线形，长约 6 毫米，疏被柔毛。

花：花单生于枝端叶腋间，花梗长 4~14 毫米，被星状短绒毛；小苞片 6~8 个，线形，长 6~15 毫米，宽 1~2 毫米，密被星状疏绒毛；花萼为钟形，长 14~20 毫米，密被星状短绒毛，裂片 5 个，三角形；花为钟形，淡紫色，直径 5~6 厘米，花瓣为倒卵形，长 3.5~4.5 厘米，外面疏被纤毛和星状长柔毛；雄蕊柱长约 3 厘米；花柱枝无毛。花期 7—10 月。

果：蒴果为卵圆形，直径约 12 毫米，密被黄色星状绒毛；种子为肾形，背部被黄白色长柔毛。

生长习性与栽培特点：喜光，稍耐阴。喜水湿，又耐干旱，耐贫瘠土壤。喜温暖、湿润环境，较耐寒。萌芽力强，耐修剪，抗烟尘和有害气体的能力较强。木槿的繁殖方法有播种、压条、扦插、分株，但生产上主要运用扦插繁殖和分株繁殖。

景观效果：木槿开花达百日之久，故有诗称其"难道槿花生感促，可怜相计半年红"，且满树繁花，甚为壮观，是夏季开花的主要树种之一，可孤植、丛植，也可用作花篱材料。

木槿 枝干

木槿 株型

木槿 花

木槿 叶

木槿 果

木槿 景观效果

木香

别名：木香花、七里香

科属分类：蔷薇科 蔷薇属

株型：攀缘小灌木，高可达6米。

枝干：小枝圆柱形，无毛，有短小皮刺；老枝上的皮刺较大，坚硬，经栽培后有时枝条无刺。

叶：小叶3~5片，少量有7片，连叶柄长4~6厘米；小叶片为椭圆状卵形或长圆披针形，长2~5厘米，宽8~18毫米，先端急尖或稍钝，基部近圆形或宽楔形，边缘有紧贴细锯齿，上面无毛，深绿色，下面淡绿色，中脉突起，沿脉有柔毛；小叶柄和叶轴有稀疏柔毛和散生小皮刺；托叶线状披针形，膜质、离生、早落。

花：花小，多朵成伞形花序，花直径1.5~2.5厘米；花梗长2~3厘米，无毛；萼片为卵形，先端长渐尖，全缘，萼筒和萼片外面均无毛，内面被白色柔毛；花瓣重瓣至半重瓣，白色，倒卵形，先端圆，基部为楔形。雌蕊比雄蕊短很多。花期为4—5月。

生长习性与栽培特点：喜阳光，亦耐半阴，较耐寒，畏水湿，忌积水，适生于排水良好的肥沃砂质土壤。在中国北方大部分地区都能露地越冬，耐干旱，耐瘠薄，萌芽力强，耐修剪。繁殖以扦插法为主，也可压条和嫁接，硬枝扦插和软枝扦插均可。

景观效果：木香晚春至初夏开放，广泛用于花架、篱垣和崖壁的垂直绿化。其花白者宛如香雪，黄者灿若披锦。

木香 株型

木香 枝干

木香 叶

木香 花

木香 果

木香 景观效果

南天竹

别名：南天竺、蓝田竹、天烛子、红枸子、钻石黄、天竹、兰竹

科属分类：小檗科 南天竹属

株型：常绿小灌木。

茎：茎常丛生而少分枝，高1~3米，光滑无毛，年幼的枝条常为红色，老后呈灰色。

叶：叶子互生，集中生长在茎的上部，三回羽状复叶，长30~50厘米；2~3片羽片对生；小叶光滑且薄，呈现皮革状，椭圆形或椭圆状披针形，长2~10厘米，宽0.5~2厘米，叶子顶端渐尖，基部楔形，全缘，上面深绿色，冬季的时候会变成红色，背面叶脉隆起，两面无绒毛；近无柄。

花：圆锥形态花序直立，长约20~35厘米；花小，白色，直径6~7毫米，近距离会闻到淡淡的芳香。萼片多轮，外轮萼片为卵状三角形，长1~2毫米，向内各轮渐大，最内轮萼片为卵状长圆形，长2~4毫米；花瓣为长圆形，长约4.2毫米，宽约2.5毫米，先端渐圆。花期3—6月。

果：果柄长4~8毫米；浆果为球形，直径5~8毫米，熟时为鲜红色，少量为橙红色。种子为扁圆形。果期5—11月。

生长习性与栽培特点：喜半阴，见强光后叶色变红，且不易结果。喜温暖、湿润环境，但能耐低温。喜排水良好的肥沃土壤，在阳光强烈、土壤贫瘠干燥处生长不良。可用播种、扦插、分株等法繁殖。秋季果熟后采下即播，或层积沙藏至次春3月播种，播后一般要3个月才能出苗，幼苗需设棚遮阴。

景观效果：南天竹株型优美，果实鲜艳，脱俗清雅，常常被用以制作盆景或者盆栽类装饰。在《复活的南天竹》这篇文章里就提到了作者对南天竹的宠爱，大概是因为南天竹有着顽强的生命力，尽管没有主干却依旧萌生绿意。

南天竹 株型

南天竹 茎

南天竹 叶

南天竹 花

南天竹 果

南天竹 景观效果

糯米条

别名：茶树条

科属分类：忍冬科 六道木属

株型：落叶多分枝灌木，高达 2 米。

枝干：幼枝呈红褐色，小枝皮呈撕裂状。

叶：叶有时三枚轮生，圆卵形至椭圆状卵形，顶端急尖或长渐尖，基部圆形或心形，长 2~5 厘米，宽 1~3.5 厘米，边缘有稀疏圆锯齿，上面初疏被短柔毛，下面基部主脉及侧脉密被白色长柔毛，花枝上部叶向上逐渐变小。

花：聚伞花序生于小枝上部叶腋，由多数花序集合成一圆锥状花簇，总花梗被短柔毛，果期光滑；花芳香，具 3 对小苞片；小苞片矩圆形或披针形，具睫毛；萼筒圆柱形，被短柔毛，稍扁，具纵条纹，萼檐 5 裂，裂片为椭圆形或倒卵状矩圆形，长 5~6 毫米，果期变红色；花冠白色至红色，漏斗状，长 1~1.2 厘米，为萼齿的两倍，外面被短柔毛，裂片 5 个，圆卵形；雄蕊着生于花冠筒基部，花丝细长，伸出花冠筒外；花柱细长，柱头为圆盘形。

果：果实有宿存而略增大的萼裂片。

生长习性与栽培特点：糯米条喜光,耐阴性强,喜温暖湿润气候。对土壤要求不严,在酸性、中性和微碱性土中均能生长。喜肥沃通透的砂质土壤,不耐积水,萌蘖能力强,耐修剪。

景观效果：糯米条为丛生灌木，枝条柔软婉垂，树姿婆娑，开花时，白色小花密集梢端，洁莹可爱，适宜栽植于池畔、路边、墙隅、草坪和林下边缘，可群植或列植，修剪成花篱。

糯米条 株型

糯米条 叶

糯米条 花

糯米条 景观效果

雀舌黄杨

别名：匙叶黄杨

科属分类：黄杨科 黄杨属

株型：常绿灌木，高 3~4 米，树冠圆形，但常被修剪成长方形和球形。

枝干：大枝圆柱形，小枝四棱形，被短柔毛，后变无毛。

叶：叶薄革质，通常为匙形，亦有狭卵形或倒卵形，大多数中部以上最宽，长 2~4 厘米，宽 8~18 毫米，先端圆或钝，往往有浅凹口或小尖凸头，基部为狭长楔形，有时有急尖，叶面绿色，光亮，叶背苍灰色，中脉两面凸出，侧脉极多，在两面或仅叶面显著，与中脉成 50~60 度角，叶面中脉下半段大多数被微细毛；叶柄长 1~2 毫米。

花：花序腋生，头状，长 5~6 毫米，花密集，花序轴长约 2.5 毫米；苞片卵形，背面无毛，或有短柔毛；雄花约 10 朵，花梗长仅 0.4 毫米，萼片卵圆形，长约 2.5 毫米，雄蕊连花药长 6 毫米，不育雌蕊有柱状柄，末端膨大，高约 2.5 毫米，和萼片近等长，或稍超出；雌花外萼片长约 2 毫米，内萼片长约 2.5 毫米，受粉期间，子房长 2 毫米，无毛，花柱长 1.5 毫米，略扁，柱头倒心形，下延达花柱 1/3~1/2 处。花期 2 月。

果：蒴果卵形，长 5 毫米，宿存花柱直立，长 3~4 毫米。果期 5—8 月。

生长习性与栽培特点：喜温暖湿润和阳光充足的环境，较耐寒，耐干旱和半阴，要求疏松、肥沃和排水良好的砂质土壤。主要用扦插法和压条法繁殖。扦插宜在梅雨季节进行，选取嫩枝作插穗；压条在 3—4 月进行，用二年生枝条压入土中，翌春与母株分离移栽。充足的阳光和水分对雀舌黄杨的养护是很重要的，土壤需要经常保持湿润，最好能选择在"上午能晒阳，下午较阴凉，空气流通好，雨露靠自然"的地方。雀舌黄杨的木质坚硬而脆，可塑性不大，造型必须以修剪为主，忌用铁丝捆绑枝条，一防伤皮，二防死枝。

景观效果：雀舌黄杨枝叶繁茂，叶形别致，四季常青，可修剪成各种形状，是点缀庭院和入口处的好材料，也可作为盆景。由于其生长缓慢，因此常年郁郁葱葱、繁盛结实。

雀舌黄杨 株型

雀舌黄杨 枝干

雀舌黄杨 叶

雀舌黄杨 花

雀舌黄杨 果

雀舌黄杨 景观效果

洒金柏

别名：黄头柏

科属分类：柏科 侧柏属

株型：常绿乔木或灌木。短生密丛，树冠为圆球至圆卵型。

枝干：树皮灰褐色，纵裂，裂成不规则的薄片脱落；小枝通常直或稍成弧状弯曲，生鳞叶的小枝近圆柱形或近四棱形，径 1~1.2 毫米。

叶：叶二型，即刺叶及鳞叶；叶淡黄绿色，入冬略转褐色。刺叶生于幼树之上，老龄树则全为鳞叶，壮龄树兼有刺叶与鳞叶；生于一年生小枝的一回分枝的鳞叶三叶轮生，直伸而紧密，近披针形，先端微渐尖，长 2.5~5 毫米，背面近中部有椭圆形微凹的腺体；刺叶三叶交互轮生，斜展，疏松，披针形，先端渐尖，长 6~12 毫米，上面微凹，有两条白粉带。

花：雌雄异株，少量为同株，雄球花黄色，椭圆形，长 2.5~3.5 毫米，雄蕊 5~7 对。花期 3—9 月。

果：球果近似圆球形，两年成熟，熟时呈暗褐色，被白粉。果期 10—11 月。

生长习性与栽培特点：喜光，幼时稍耐阴，适应性强，对土壤要求不严，在酸性、中性、石灰性和轻盐碱土壤中均可生长。耐干旱瘠薄，萌芽能力强，耐寒力一般。通常以扦插法培育，一般在春秋季扦插，春季扦插略优于秋季。春插在 3 月上旬至 4 月中旬，秋插在 9 月下旬至 10 月中旬。抽梢展叶后，3~7 天浇一次水。浇水次数不宜过多，以免降低土温并阻碍土壤通气，不利于生根。雨季要注意排水，勿使圃地积水。

景观效果：洒金柏是中国北方应用最广、栽培观赏历史最久的园林树种之一。洒金柏还对污浊空气具有较强耐力，是城市绿化中的常用植物，在市区街心、路旁种植，生长良好，不碍视线，能吸附尘埃，净化空气。洒金柏丛植于窗下、门旁，极具点缀效果。

洒金柏 株型

洒金柏 枝干

洒金柏 叶

洒金柏 花

洒金柏 果

洒金柏 景观效果

珊瑚树

别名：法国冬青、早禾树

科属分类：忍冬科 荚蒾属

株型：常绿灌木或小乔木。

枝干：枝干挺直，树皮呈灰褐色，枝呈灰色或灰褐色，枝有凸起的小瘤状皮孔，无毛或稍被黄褐色簇状毛。冬芽有1~2对卵状披针形鳞片。

叶：叶革质，对生，叶为倒卵状矩圆形至矩圆形，表面暗绿色，光亮，背面淡绿色，少量为倒卵形，长7~20厘米，顶端短尖至渐尖而钝头，有时为钝形至近圆形，基部宽楔形，少量为圆形，边缘上部有不规则浅波状锯齿，上面深绿色有光泽，两面无毛或脉上散生簇状微毛，下面有时散生暗红色微腺点，脉腋常有集聚簇状毛和趾蹼状小孔，侧脉5~6对，弧形，近缘前互相网结，连同中脉下面凸起而显著；叶柄长1~2厘米，无毛或被簇状微毛。

花：圆锥花序顶生或生于侧生短枝上，宽尖塔形，长(3.5)6~13.5厘米，宽(3)4.5~6厘米，无毛或散生簇状毛，总花梗长可达10厘米，扁，有淡黄色小瘤状突起；苞片长不足1厘米，宽不及2毫米；花芳香，通常生于序轴的第二至第三级分枝上，无梗或有短梗；萼筒为筒状钟形，长2~2.5毫米，无毛，萼为檐碟状，齿为宽三角形；花冠初为白色，后变黄白色，有时微红，辐状，直径约7毫米，筒长约2毫米，裂片反折，圆卵形，顶端圆，长2~3毫米；雄蕊略超出花冠裂片，花药黄色，矩圆形，长近2毫米；柱头头状，不高出萼齿。花期4—5月(有时不定期开花)。

果：果实先为红色，后变黑色，卵圆形或卵状椭圆形，长约8毫米，直径5~6毫米；核为卵状椭圆形，浑圆，长约7毫米，直径约4毫米，有1条深腹沟。果期7—9月。

生长习性与栽培特点：珊瑚树喜温暖，稍耐寒，喜光，稍耐阴。在潮湿、肥沃的中性土壤中生长旺盛，也能适应酸性或微碱性土壤。根系发达，萌芽性强，耐修剪，是一种很理想的园林绿化树种，因对煤烟和有毒气体具有较强的抗性和吸收能力，尤其适合作城市绿篱。珊瑚树繁殖主要用扦插或播种方法。每年3—4月，将挖起的小苗带宿土移植，大苗需带土球移植，移植后必须浇足、浇透水。珊瑚树能自然形成圆桶形树冠，且下枝不易枯死，一般可不修剪。如作绿篱，则在春季发芽前和生长季节进行2~3次修剪。全年均可进行扦插，以春、秋两季为好，生根快、成活率高；主要方法是选健壮、挺拔的茎节，在5—6月剪取成熟、长15~20厘米的枝条，插于苗床或沙床，插后20~30天生根；秋季移栽入苗圃。

景观效果：珊瑚树枝繁叶茂，遮蔽效果好，又耐修剪，因此在绿化中被广泛应用，红果形如珊瑚，绚丽可爱。珊瑚树在规则式庭院中常被整修为绿墙、绿门、绿廊，在自然式园林中多孤植、丛植以装饰墙角。珊瑚树具有抗烟雾、防风固尘、减少噪声的作用，在道路、公共和工矿企业绿化中经常运用，它能改善周围的生态环境和人居环境。珊瑚树耐火力强，所以是培育防火林的重要树种。

珊瑚树 株型

珊瑚树 枝干

珊瑚树 叶

珊瑚树 花

珊瑚树 果

珊瑚树 景观效果

十大功劳

别名：猫刺叶、黄天竹、土黄柏、细叶十大功、劳猫儿刺、土黄连

科属分类：小檗科 十大功劳属

株型：灌木，高 0.5~2(4) 米。

茎：茎表面为土黄色或褐色，粗糙，嫩茎较平滑，节明显，略膨大。根和茎断面为黄色。

叶：叶为倒卵形至倒卵状披针形，长 10~28 厘米，宽 8~18 厘米，具 2~5 对小叶，最下一对小叶外形与往上小叶相似，距叶柄基部 2~9 厘米，上面暗绿色至深绿色，叶脉不显，背面淡黄色，偶尔为稍苍白色，叶脉隆起，叶轴粗 1~2 毫米，节间 1.5~4 厘米，往上渐短；小叶无柄或近无柄，狭披针形至狭椭圆形，长 4.5~14 厘米，宽 0.9~2.5 厘米，基部为楔形，边缘每边具 5~10 个刺齿，先端急尖或渐尖。

花：总状花序 4~10 个簇生，长 3~7 厘米；芽鳞为披针形至三角状卵形，长 5~10 毫米，宽 3~5 毫米；花梗长 2~2.5 毫米；苞片为卵形，急尖，长 1.5~2.5 毫米，宽 1~1.2 毫米；花黄色；外萼片为卵形或三角状卵形，长 1.5~3 毫米，宽约 1.5 毫米，中萼片为长圆状椭圆形，长 3.8~5 毫米，宽 2~3 毫米，内萼片为长圆状椭圆形，长 4~5.5 毫米，宽 2.1~2.5 毫米；花瓣为长圆形，长 3.5~4 毫米，宽 1.5~2 毫米，基部腺体明显，先端微缺裂，裂片急尖。雄蕊长 2~2.5 毫米，药隔不延伸，顶端平截；子房长 1.1~2 毫米，无花柱，胚珠 2 枚。花期 7—9 月。

果：浆果为球形，直径 4~6 毫米，紫黑色，被白粉。果期 9—11 月。

生长习性与栽培特点：十大功劳属暖温带植物，具有较强的抗寒能力，不耐暑热，耐阴，忌烈日暴晒，比较抗干旱。它在原产地多生长在阴湿峡谷和森林下面，属阴性植物。喜排水良好的酸性腐殖土，极不耐碱，怕水涝。对土壤要求不严，在疏松肥沃、排水良好的砂质土壤中生长最好。十大功劳具有较强的分蘖和侧芽萌发能力，每年每株萌发 2~3 个枝不等，并且当年高度可达到 20 厘米左右。可用播种、枝插、根插及分株等法繁殖。分株于 10 月中旬至 11 月中旬或 2 月下旬至 3 月下旬进行。扦插在 2—3 月份或梅雨季节进行。播种于 12 月份进行，也可沙藏至翌年 3 月。移栽春、秋两季均可，应带土坨。

景观效果：十大功劳叶形奇特，叶片花朵成簇。它在江南园林中常丛植在假山一侧或定植在假山上，也可栽在高燥的土地上。由于它本身的习性原因，必须有大树为其遮挡。十大功劳枝干酷似南天竹，可在庭院、园林围墙处种植，在园林中可植为绿篱，在果园、菜园的四角作为境界林，还可盆栽放在门厅入口处、会议室、招待所等。

十大功劳 株型

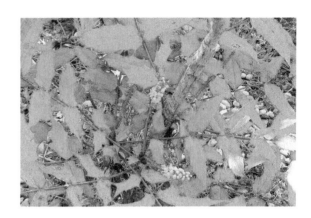

十大功劳 茎

十大功劳 叶

十大功劳 花

十大功劳 果

十大功劳 景观效果

溲疏

别称：空疏、巨骨、空木、卵花

科属：虎尾草科　溲疏属

柱型：落叶灌木，高达 3 米。

枝干：树皮成薄片状剥落，小枝中空，红褐色，幼时有星状毛，老枝光滑。

花：直立圆锥花序，花白色或带粉红色斑点；萼筒钟状，与子房壁合生，木质化，裂片 5 个，直立；花瓣 5 片，花瓣长圆形，外面有星状毛；花丝顶端有 2 个长齿；花柱 3~5 个，离生，柱头常下延。花期 5—6 月。

叶：叶对生，有短柄；叶片为卵形至卵状披针形，长 5~12 厘米，宽 2~4 厘米，顶端尖，基部稍圆，边缘有小锯齿，两面均有星状毛，粗糙。

果：蒴果近球形，顶端扁平具短喙和网纹。果期 10—11 月。

生长习性与栽培特点：多见于山谷、路边、岩缝及丘陵低山灌丛中。喜光，稍耐阴，喜温暖、湿润气候，但耐寒、耐旱。对土壤的要求不严，但以腐殖质 pH 值 6~8 且排水良好的土壤为宜。萌芽力强，耐修剪。

景观效果：溲疏初夏白花繁密，素雅，常丛植在草坪一角、建筑旁、林缘；若与花期相近的山梅花配植，则次第开花，可延长树丛的观花期。花枝可供瓶插观赏。

溲疏 株型

溲疏 枝干

溲疏 叶

溲疏 花

溲疏 果

溲疏 景观效果

太平花

别名：太平瑞圣花、京山梅花、白花结

科属分类：虎耳草科 山梅花属

株型：灌木，高1~2米，分枝较多。

枝干：二年生小枝无毛，表皮栗褐色，当年生小枝无毛，表皮黄褐色，不开裂。

叶：叶为卵形或阔椭圆形，长6~9厘米，宽2.5~4.5厘米，先端长渐尖，基部为阔楔形或楔形，边缘具锯齿，稀近全缘，两面无毛，少量仅下面脉腋被白色长柔毛；叶脉离基出3~5条；花枝上叶较小，椭圆形或卵状披针形，长2.5~7厘米，宽1.5~2.5厘米；叶柄长5~12毫米，无毛。

花：总状花序有花5~9朵；花序轴长3~5厘米，黄绿色，无毛；花梗长3~6毫米，无毛；花萼黄绿色，外面无毛，裂片卵形，长3~4毫米，宽约2.5毫米，先端有急尖，干后脉纹明显；花冠盘状，直径2~3毫米；花瓣白色，倒卵形，长9~12毫米，宽约8毫米；雄蕊25~28枚，最长的达8毫米；花盘和花柱无毛；花柱长4~5毫米，纤细，先端稍分裂，柱头棒形或槌形，长约1毫米，常较花药小。花期5—7月。

果：蒴果近球形或倒圆锥形，直径5~7毫米，宿存萼裂片近顶生；种子长3~4毫米，具短尾。果期8—10月。

生长习性与栽培特点：太平花适应性强，能生长在山区，有较强的耐干旱瘠薄能力。半阴性，能耐强光照。耐寒，喜肥沃、排水良好的土壤，不耐积水。耐修剪，寿命长。可播种、分株、扦插、压条繁殖。

景观效果：其花芳香、美丽，多朵聚集，花期较久，为优良的观赏花木。宜丛植于林缘、园路拐角和建筑物前，亦可作自然式花篱或大型花坛之中心栽植材料。在古典园林中于假山石旁点缀，尤为得体。

太平花 株型

太平花 枝干

太平花 叶

太平花 花

太平花 果

太平花 景观效果

西洋杜鹃

别名： 比利时杜鹃

科属分类： 杜鹃花科 杜鹃属

株型： 多年生常绿灌木。

枝干： 根系木质纤细，植株低矮，枝干紧密。分枝多，枝、叶表面疏生柔毛。

叶： 叶互生，纸质，厚实，叶片为椭圆形至椭圆状披针形，幼叶青色，成熟叶色浓绿，背面泛白，自然脱落后为褐色，叶片集生于枝端，先端急尖，具短尖头，基部楔形，叶片毛少，表面有淡黄色毛，背面淡绿色，疏被黄色毛。

花： 总状花序，花顶生。花形大小不一，颜色丰富，有红、粉、白、淡紫、橙红、橙黄等色。顶生总状花序，有花 1~3 朵，簇生，每株 10 簇以上。花梗长 0.5~1.5 厘米，平均 1.05 厘米，密生白色扁平毛；花萼较大，有 5 裂，裂片披针形，长 0.5~1.4 厘米，平均 0.98 厘米，边缘具睫状毛，外面密生与花梗同样毛；花冠阔漏斗形，长 2.2~4 厘米，平均 3.17 厘米，花筒长 0.8~2 厘米，平均 1.35 厘米，口径 5~10 厘米，平均 7.95 厘米，裂片 5 个，宽卵形；花柱长 0.5~3.5 厘米，平均 1.48 厘米，变化较大，无毛，子房密被白色糙毛，6 室；雄蕊瓣化。花色艳丽多样，有单色、复色、镶边、点红等，花形复杂，多数为重瓣、复瓣和半重瓣，少有单瓣，花瓣有圆润、后翻、波浪、皱边、卷边等，善芽变。花期 3—5 月。

果： 蒴果为长圆状卵球形，长约 6~8 毫米，密被红褐色平贴糙伏毛，有宿萼。果期 6—8 月。

生长习性与栽培特点： 喜温暖、湿润、通风的半阴环境，要求疏松、肥沃、排水良好、富含有机质的酸性砂质土壤。繁殖方式有扦插、压条、嫁接和播种。西洋杜鹃栽培管理较容易，但夏季忌阳光直射，务必放到阴凉通风处，并经常喷水保持叶面和空气湿度。西洋杜鹃耐寒，春秋季最好养，不易冻死。盆栽土壤宜用腐叶土、培养土和粗沙的混合土，pH 值在 5~5.5 为宜。

景观效果： 西洋杜鹃四季常绿，枝干紧密，叶片细小，可以通过修剪扎型，制作成各种风格的盆景，也可以栽植在水边、岩石边和林边，或是散植在疏林下。西洋杜鹃在花期时，颜色艳丽，给人以热闹喧腾的感觉，能很好地辅助渲染气氛；而不是花期时，又可以作为绿篱，在庭院中作为矮墙或屏障。

西洋杜鹃 株型1

西洋杜鹃 株型2

西洋杜鹃 叶

西洋杜鹃 花1

西洋杜鹃 花2

西洋杜鹃 景观效果

小叶黄杨

别名： 瓜子黄杨、黄杨木、锦熟黄杨

科属分类： 黄杨科 黄杨属

株型： 常绿灌木或小乔木，高1~6米。

枝干： 枝为圆柱形，密集，有纵棱，灰白色；小枝为四棱形，全面被短柔毛或外方相对两侧面无毛，节间通常长3~6毫米。

叶： 叶薄革质，阔椭圆形或阔卵形，长7~10毫米，宽5~7毫米，叶面无光或有光亮，侧脉明显凸出。

花： 花序腋生，头状，花密集，花序轴长3~4毫米，被毛，苞片阔卵形，长2~2.5毫米，背部有毛；雄花约10朵，无花梗，外萼片卵状椭圆形，内萼片近圆形，长2.5~3毫米，无毛，雄蕊连花药长4毫米，不育雌蕊有棒状柄，末端膨大，高2毫米左右；雌花萼片长3毫米，子房较花柱稍长，无毛，花柱粗扁，柱头倒心形，下延达花柱中部。花期4—5月。

果： 蒴果为卵状球形，蒴果长6~7毫米，无毛。果期8—9月。

生长习性与栽培特点： 性喜肥沃湿润土壤，忌酸性土壤。抗逆性强，耐水肥，有耐寒、耐盐碱、抗病虫害等许多特性。小叶黄杨繁殖以播种为主，也可以扦插。播种一般是采撷其果实，果壳开裂之后干藏，3月中旬播种。扦插则是在5—6月。

景观效果： 小叶黄杨枝叶茂密，叶光亮、常青，是常用的绿化和绿篱植物，其不仅是常绿树种，而且抗污染，能吸收空气中的二氧化硫等有毒气体，对大气有净化作用，特别适合在车辆流量较大的公路旁栽植，一般可以长到1米多高，郁郁葱葱，煞是好看。

小叶黄杨 株型

小叶黄杨 枝干

小叶黄杨 叶

小叶黄杨 花

小叶黄杨 果

小叶黄杨 景观效果

小叶女贞

别名： 小叶水蜡树、小叶冬青、楝青

科属分类： 木樨科 女贞属

株型： 落叶灌木，高达 1~3 米。

枝干： 小枝淡棕色，圆柱形，密被微柔毛，后脱落。

叶： 叶片薄革质，形状和大小变异较大，披针形、长圆状椭圆形、椭圆形、倒卵状长圆形至倒披针形或倒卵形皆有，长 1~4(5.5) 厘米，宽 0.5~2(3) 厘米，先端锐尖、钝或微凹，基部狭楔形至楔形，叶缘反卷，上面深绿色，下面淡绿色，常具腺点，两面无毛，稀沿中脉被微柔毛，中脉在上面凹入，下面凸起，侧脉 2~6 对，不明显，在上面微凹入，下面略凸起，近叶缘处网结不明显；叶柄长 1~5 毫米，无毛或被微柔毛。

花： 花白色，香，无梗；花冠筒和花冠裂片等长；花药超出花冠裂片。圆锥花序顶生，近圆柱形，长 4~15(22) 厘米，宽 2~4 厘米，分枝处常有 1 对叶状苞片；小苞片为卵形，具睫毛；花萼无毛，长 1.5~2 毫米，萼齿为宽卵形或钝三角形；花冠长 4~5 毫米，花冠管长 2.5~3 毫米，裂片为卵形或椭圆形，长 1.5~3 毫米，先端钝；雄蕊伸出裂片外，花丝与花冠裂片近等长或稍长。花期 5—7 月。

果： 果为倒卵形、宽椭圆形或近球形，长 5~9 毫米，径 4~7 毫米，呈紫黑色。果期 8—11 月。

生长习性与栽培特点： 喜光照，稍耐阴，较耐寒，华北地区可露地栽培。耐修剪。生沟边、路旁或河边灌丛中，或山坡上。有播种、扦插和分株三种繁殖方法。小叶女贞萌枝力强，在母株根际周围会产生许多萌蘖苗。在春季芽萌动前，将母株根际周围的萌蘖苗挖出，带根分栽，或将整株母株挖出，用利刃将其分割成几丛，每丛有 2~3 个枝干并带根，分丛栽植。移植以春季 2—3 月份为宜，秋季亦可，需带土球，栽植时不宜过深。作为绿篱，可通过重截，促使基部萌发较多枝条，形成丰满的灌丛。

景观效果： 小叶女贞主要作绿篱栽植，其枝叶紧密、圆整，常栽植在庭院中；抗多种有毒气体，是优良的抗污染树种，亦可作桂花、丁香等树的砧木。

小叶女贞 株型

小叶女贞 枝干

小叶女贞 叶

小叶女贞 花

小叶女贞 果

小叶女贞 景观效果

迎春花

别名：迎春、黄素馨、金腰带

科属分类：木樨科 素馨属

株型：落叶灌木，直立或匍匐，株高 30~500 厘米。

枝干：枝条下垂，枝稍扭曲，光滑无毛，小枝四棱形，棱上具狭翼。

叶：叶对生，三出复叶，小枝基部常具单叶；叶轴具狭翼，叶柄长 3~10 毫米，无毛；叶片和小叶片幼时两面稍被毛，老时仅叶缘具睫毛；小叶片为卵形、长卵形或椭圆形，或狭椭圆形，少量为倒卵形，先端锐或钝，具短尖头，基部楔形，叶缘反卷，中脉在上面微凹入，下面凸起，侧脉不明显；顶生小叶片较大，长 1~3 厘米，宽 0.3~1.1 厘米，无柄或基部延伸成短柄，侧生小叶片长 0.6~2.3 厘米，宽 0.2~11 厘米，无柄；单叶为卵形或椭圆形，有时近圆形，长 0.7~2.2 厘米，宽 0.4~1.3 厘米。

花：花单生于上年生小枝的叶腋，稀生于小枝顶端；苞片小叶状，披针形、卵形或椭圆形，长 3~8 毫米，宽 1.5~4 毫米；花梗长 2~3 毫米；花萼绿色，有裂片 5~6 个，窄披针形，长 4~6 毫米，宽 1.5~2.5 毫米，先端锐；花冠黄色，径 2~2.5 厘米，花冠管长 0.8~2 厘米，基部直径 1.5~2 毫米，向上渐扩大，裂片 5~6 个，长圆形或椭圆形，长 0.8~1.3 厘米，宽 3~6 毫米，先端锐尖或圆钝。花期 6 月。

果：较少结果。

生长习性与栽培特点：喜光，稍耐阴，略耐寒，怕涝，在华北地区均可露地越冬，要求温暖而湿润的气候，疏松肥沃和排水良好的砂质土壤，在酸性土中生长旺盛，在碱性土中生长不良。根部萌发力强，枝条着地部分极易生根。繁殖以扦插为主，也可用压条、分株。迎春花在一年生枝条上形成花芽，第二年冬末至春季开花，因此在每年花谢后应对所有花枝进行修剪，促使长出更多的侧枝，增加着花量，同时加强肥水管理。刚栽种或刚换盆的迎春花，先浇透水，置于阴处 10 天左右，再放到半阴半阳处，养护一周；然后放置于阳光充足、通风良好、比较湿润的地方养护。在冬天，南方只要把种迎春花的盆钵埋入背风向阳处的土中即可安全越冬，在北方应于初冬移入室内 (5℃左右) 越冬。

景观效果：迎春花的绿化效果突出，生长速度快，栽植当年就有良好的绿化效果，而且由于其冬末至早春先花后叶的特别之处，给种植之处提供了早春观花的惊喜。园林绿化中宜配植在湖边、溪畔、桥头、墙隅，在草坪、林缘、坡地、房屋周围也可栽植，所以在各地均得到广泛种植。

迎春花 株型

迎春花 叶

迎春花 花

迎春花 景观效果

月桂

别名：甜月桂、桂冠树

科属分类：樟科　月桂属

株型：常绿阔叶小乔木或灌木，高可达 12~15 米。树冠卵圆形。盆栽的成年月桂高达 2~3 米，树冠可达 2~3 米。

枝干：树皮粗糙，呈黑褐色，有时显出皮孔。小枝为圆柱形，具纵向细条纹，幼嫩部分略被微柔毛或近无毛。常呈灌木状，密植或修剪后，则可呈现明显主干。

叶：叶互生，为长圆形或长圆状披针形，边缘波状，有醇香，长 5.5~12 厘米，宽 1.8~3.2 厘米，先端锐尖或渐尖，基部楔形，革质，上面暗绿色，下面稍淡，两面无毛，羽状脉，中脉及侧脉两面凸起，侧脉每边 10~12 条，末端近叶缘处为弧形连结，细脉为网结，两面明显，呈蜂窝状；叶柄长 0.7~1 厘米，鲜时紫红色，略被微柔毛或近无毛，腹面具槽。

花：雌雄异株，伞形花序腋生，1~3 个成簇状排列，开花前由 4 枚交互对生的总苞片所包裹，呈球形；总苞片近圆形，外面无毛，内面被绢毛，总梗长达 7 毫米，略被微柔毛或近无毛。雄花每一伞形花序有花 5 朵；花小，黄绿色，花梗长约 2 毫米，被疏柔毛，花被筒短，外面密被疏柔毛，花被裂片 4 个，宽倒卵圆形或近圆形，两面被贴生柔毛；能育雄蕊，通常有 12 枚，排成三轮，第一轮花丝无腺体，第二、三轮花丝中部有一对无柄的肾形腺体，花药为椭圆形，2 室，室内向；子房不育。雌花通常有退化雄蕊 4 枚，与花被片互生，花丝顶端有成对无柄的腺体，其间延伸有一披针形舌状体；子房 1 室，花柱短，柱头稍增大，钝三棱形。花期 3—5 月。

果：果为卵珠形，熟时为暗紫色。果期 6—9 月。

生长习性与栽培特点：喜光，稍耐阴，喜温暖湿润的气候，耐短期低温 (-8℃)，宜生长于深厚、肥沃、排水良好的土壤或砂质土壤。不耐盐碱，怕涝，可露地越冬。以扦插繁殖为主，也可播种、分株。6—7 月露地畦插时，插深 4~6 厘米，浇足水后，遮阴保湿，只早晚稍见阳光，40 天左右可生根，成活率 90% 以上，冬季用塑料拱棚防寒，第二年分栽。播种于春季进行，条播行距 15 厘米，覆土厚 2 厘米，上盖草，5 月份发芽出土，及时遮阴，阴雨天进行间苗，留强去弱，当年苗高可达 10 厘米左右，春季可带土球移栽。分株在春秋两季进行，春季分株后要遮阴保湿，秋季分株要防寒保温。月桂整形修剪应注意剥芽、疏枝和短截。剥芽时应将主干下部无用的芽剥掉；疏枝即剪去无用枝条，一般成材后的月桂高在 1.5 米左右；短截则是剪去徒长的顶部枝条，使月桂高度保持在 3.5 米左右，冠幅 2.5~3 米。

景观效果：月桂四季常青，树姿优美，有浓郁香气，适于在庭院、建筑物前栽植，可孤植，而群植尤为美观。住宅前院用作绿墙分隔空间，效果也很好。

月桂 株型

月桂 枝干

月桂 叶

月桂 花

月桂 果

月桂 景观效果

皱皮木瓜

别名：铁脚梨、贴梗海棠、贴梗木瓜、木瓜

科属分类：蔷薇科　木瓜属

株型：落叶灌木，高达 2 米。

枝干：枝条直立开展，有刺；小枝圆柱形，微屈，无毛，紫褐色或黑褐色，有疏生浅褐色皮孔；冬芽三角卵形，先端急尖，近于无毛或在鳞片边缘具短柔毛，紫褐色。

叶：叶片为卵形至椭圆形，少量为长椭圆形，长 3~9 厘米，宽 1.5~5 厘米，先端急尖，少量圆钝，基部楔形至宽楔形，边缘具有尖锐锯齿，齿尖开展，无毛或在萌蘖上沿下面叶脉有短柔毛；叶柄长约 1 厘米；托叶大形，草质，肾形或半圆形，少量为卵形，长 5~10 毫米，宽 12~20 毫米，边缘有尖锐重锯齿，无毛。

花：花先叶开放，3~5 朵簇生于两年生老枝上；花梗短粗，长约 3 毫米或近于无柄；花直径 3~5 厘米；萼筒钟状，外面无毛；萼片直立，半圆形，少量为卵形，长 3~4 毫米，宽 4~5 毫米，长约萼筒之半，先端圆钝，全缘或有波状齿；花瓣为倒卵形或近圆形，基部延伸成短爪，长 10~15 毫米，宽 8~13 毫米，猩红色，少量为淡红色或白色。花期 3—4 月，如果光照、湿度条件适宜，1—2 月即可开花。

果：果实为球形或卵球形，直径 4~6 厘米，黄色或带黄绿色，有稀疏不显明斑点，味芳香；萼片脱落，果梗短或近于无梗。果期 9—10 月。

生长习性与栽培特点：温带树种。适应性强，喜光，耐半阴，较耐寒，耐旱，不耐水淹。不择土壤，但喜肥沃、深厚、排水良好的土壤，忌低洼和盐碱地。

景观效果：公园、庭院、校园、广场等道路两侧可栽植皱皮木瓜。皱皮木瓜作为独特孤植观赏树可三五成丛地点缀于园林中，也可培育成独干或多干的乔灌木点缀片林或庭院。皱皮木瓜可制作多种造型的盆景，是盆景中的"十八学士"之一。

皱皮木瓜 株型

皱皮木瓜 枝干

皱皮木瓜 叶

皱皮木瓜 花

皱皮木瓜 果

皱皮木瓜 景观效果

草本及其他

碧冬茄

别名：矮牵牛、撞羽朝颜

科属分类：茄科　碧冬茄属

株型：一年生草本，高30~60厘米，全体生腺毛。

茎：匍地生长，有粘质柔毛。

叶：碧冬茄为一年生草本植物。叶有短柄或近无柄，呈卵形，顶端有急尖，基部阔楔形或楔形，全缘，长3~8厘米，宽1.5~4.5厘米，侧脉不显著，每边5~7条。

花：花单生于叶腋，花梗漏斗状，长3.5~5厘米，花萼呈5瓣深裂，裂片条形，长1~1.5厘米，宽约3.5毫米，顶端圆钝，果实宿存；花冠白色或紫堇色，另有双色、星状和脉纹等，长5~7厘米，筒部向上渐扩大，檐部展开，有折襞，有5个浅裂；雄蕊4长1短，花柱高过雄蕊。花期4月至霜降，冬暖地区可持续开花。

果：蒴果为圆锥状，长约1厘米，2个裂瓣，各裂瓣顶端又有2个浅裂，种子极小，接近球形，直径约0.5毫米，褐色。

生长习性与栽培特点：喜温暖和阳光充足的环境，不耐霜冻，怕雨涝。它生长适温为13℃~18℃，冬季温度为4℃~10℃，如低于4℃，植株生长停止。夏季能耐35℃以上的高温，但在生长旺期，需要充足的水分。碧冬茄在长江中下游地区，一年四季均可播种育苗。播种前装好介质，浇透水，播种后用细喷雾湿润种子，种子上不能覆盖任何介质，否则会影响发芽。当植株出现3对真叶时，根系已完好形成，温度、湿度、施肥要求同前，仍要注意通风。碧冬茄在夏季比较耐高温，一般只在移栽后几天加以遮阳、缓苗，并且将温度控制在20℃左右，不能低于15℃，否则会推迟开花或不开花。浇水始终遵循不干不浇、浇则浇透的原则，夏季需摘心一次，其他时间无需摘心。修剪是控制碧冬茄花期早晚的关健措施。当植株成型后，对枝条摘心，可使花期延后。开花时立支柱可防花枝倒伏；盛花期后，短截枝条，保留各分枝基部2~3厘米，促进重新分枝开花。

景观效果：常常被用于盆栽、花坛美化，大面积栽培具有地被效果，景观瑰丽悦目。碧冬茄不仅是花园中不可缺少的观赏用花，也是庆典或者重要活动中的必用花。

碧冬茄 株型

碧冬茄 茎

碧冬茄 叶

碧冬茄 花

碧冬茄 景观效果 1

碧冬茄 景观效果 2

雏菊

别名：马兰头花、延命菊、春菊、太阳菊

科属分类：菊科　雏菊属

株型：多年生或一年生葶状矮小草本，高约 10 厘米。

茎：退化缩短。

叶：叶基生，匙形，先端圆，基部渐窄成柄，上半部有疏钝齿或波状齿。

花：头状花序单生，直径 2.5~3.5 厘米，花葶被毛；总苞半球形或宽钟形；总苞片近 2 层，不等长，长椭圆形，顶端钝，外面被柔毛。有一层舌状花，雌性，舌片白色带粉红色，开展，全缘或有 2~3 齿，多数为管状花，两性，均能结实。

果：瘦果为倒卵形，扁平，有边脉，被细毛，无冠毛。

生长习性与栽培特点：雏菊性喜冷凉气候，忌炎热，又耐半阴，对栽培地土壤要求不严格。种子发芽适温 22℃~28℃，生育适温 20℃~25℃。西南地区适宜种植中、小花单瓣或半重瓣品种。中、大花重瓣品种长势弱，结籽差。雏菊较耐移植，移植可使其多发根，不需作株形修剪和打顶来控制花期。雏菊也喜阳光，包括在生长期和开花期，光照充分可促进植株的生长，叶色嫩绿，花量增加。在 5℃ 以上雏菊可安全越冬，保持 18℃~22℃ 的温度对良好植株的形成是最适宜的。雏菊喜肥沃土壤，单靠其介质中的基肥是不能满足其生长需要的，所以每隔 7~10 天追一次肥，可用花卉肥，也可用复合肥进行点施或溶于水浇灌。因其是基叶簇生，如不通风，基部叶片很容易腐烂，感染病菌。生长季节给予充足的水肥，既长得茂盛，又可延长花期。

景观效果：雏菊花期长，耐寒能力强，是早春地被花卉的首选，其叶为匙形丛生，呈莲座状，密集矮生，颜色碧翠。从叶间抽出花葶，错落排列，外观古朴，花朵娇小玲珑，色彩和谐，可作盆植美化庭院、阳台，也可作为园林观赏植物。早春开花，生机盎然，具有君子的风度和天真烂漫的风采。

雏菊 株型

雏菊 茎

雏菊 叶

雏菊 花

雏菊 景观效果 1

雏菊 景观效果 2

鹅肠菜

别名：大鹅儿肠、鹅肠草、鹅儿肠、牛繁缕

科属分类：石竹科 鹅肠菜属

株型：多年生草本，长达80厘米。

茎：茎上升，多分枝，长50~80厘米，上部被腺毛。

叶：叶对生，叶片为卵形或宽卵形，长2.5~5.5厘米，宽1~3厘米，顶端有急尖，基部为心形，有时边缘具毛；叶柄长5~15毫米，上部叶常无柄或具短柄，疏生柔毛。

花：顶生二歧聚伞花序；苞片叶状，边缘具腺毛；花梗细，长1~2厘米，花后伸长并向下弯，密被腺毛；萼片为卵状披针形或长卵形，长4~5毫米，果期时长达7毫米，顶端较钝，边缘狭膜质，外面被腺柔毛，脉纹不明显；花瓣白色，有2深裂至基部，裂片为线形或披针状线形，长3~3.5毫米，宽约1毫米；雄蕊10枚，稍短于花瓣；子房为长圆形；花柱短，线形。花期5—8月。

果：蒴果为卵圆形，稍长于宿存萼；种子近肾形，直径约1毫米，稍扁，褐色，具小疣。果期6—9月。

生长习性与栽培特点：在荒地、路旁及较阴湿的草地，海拔350~2700米的河流两旁冲积沙地的低湿处或灌丛林缘和水沟旁均有生长。在我国南北各省区均有分布。鹅肠菜可供药用，幼苗可作野菜和饲料。

景观效果：鹅肠菜是繁殖力极为旺盛的植物，一年到头开满了白色星形的花朵，四处散播数万乃至数百万颗种子。在景观中可根据其寓意安排在特定场地，或是与其他草本植物一起种植，打造自然亲切的田园风光。

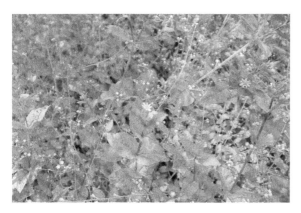

鹅肠菜 株型

鹅肠菜 叶和花

鹅肠菜 果

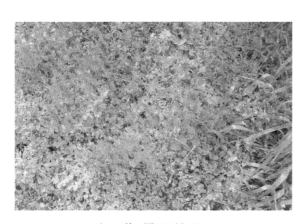

鹅肠菜 景观效果 1

鹅肠菜 景观效果 2

佛甲草

别名：佛指甲、铁指甲、狗牙菜

科属分类：景天科 景天属

株型：多年生草本，无毛。

茎：茎高 10~20 厘米。

叶：三叶轮生，少有四叶轮生或对生，叶线形，长 20~25 毫米，宽约 2 毫米，先端钝尖，基部无柄，有短距。

花：花序聚伞状，顶生，疏生花，宽 4~8 厘米，中央有一朵有短梗的花，另有 2~3 个分枝，分枝常再次分枝，着生花无梗；萼片 5 个，线状披针形，长 1.5~7 毫米，不等长，不具距，有时有短距，先端钝；花瓣 5 片，黄色，披针形，长 4~6 毫米，先端有急尖，基部稍狭；雄蕊 10 枚，较花瓣短；鳞片 5 个，宽楔形至近四方形，长 0.5 毫米，宽 0.5~0.6 毫米。蓇葖略叉开，长 4~5 毫米，花柱短。花期 4—5 月。

果：种子小，果期 6—7 月。

生长习性与栽培特点：佛甲草适应性强，不择土壤，可以生长在较薄的基质上，其耐干旱能力强，耐寒力亦较强。夏天屋顶温度高达 50℃ ~55℃，连续 20 天不下雨，该草也不会死亡，在中国北方栽培，春、夏、秋三季长势都很好，在严寒期地面上部茎叶冻枯，处于休眠期，翌年土壤解冻即萌发新芽，早春即能覆盖地面。栽植后，要求保持土壤湿润，及时补充水分，2~3 天灌或喷一次水。因为佛甲草生长适应性强，耐寒、耐旱、耐盐碱、耐瘠、抗病虫害，所以在日常管理过程中，可根据不同质地的土壤进行施肥，全年施肥 2~3 次；根据不同的地温和气温，进行灌水，要求每次要灌透灌足，全年 4~5 次。佛甲草基本无病虫害，不需要进行防治工作。

景观效果：佛甲草植株细腻，花朵美丽，碧绿的小叶宛如翡翠，整齐美观，可盆栽欣赏。它还是优良的地被植物，不仅生长快，扩展能力强，而且根系纵横交错，与土壤紧密结合，能防止表土被雨水冲刷，适宜用作护坡草。佛甲草还能用于屋顶绿化，它是一种耐旱性极好的多浆绿草种，采用无土栽培，负荷极轻，可取代传统的隔热层和防水保护层。因为它是浅根系网状分布的草种，根系弱而细，扎根浅，为平面生长、网状分布，无穿透防水层的能力，所以不会破坏屋面结构。

佛甲草 花及茎

佛甲草 叶

佛甲草 景观效果

刚竹

别名：榉竹、胖竹、柄竹、台竹、光竹

科属分类：禾本科　刚竹属

株型：竿高 6~15 米，直径 4~10 厘米。竿幼时无毛，微被白粉，绿色，长成的枝干呈绿色或黄绿色。

枝干：枝干挺直，中空，中间节间长 20~45 厘米，壁厚约 5 毫米，坚硬。

叶：鞘背面呈乳黄色或绿黄褐色，略带灰色，有绿色脉纹，无毛，微被白粉，有淡褐色或褐色的略呈圆形的斑点及斑块；箨舌为绿黄色，拱形或截形，边缘生淡绿色或白色纤毛；箨片为狭三角形至带状，外翻，微皱曲，绿色，但具橘黄色边缘。末级小枝有 2~5 片叶；叶鞘几无毛或仅上部有细柔毛；叶片为长圆状披针形或披针形，长 5.6~13 厘米，宽 1.1~2.2 厘米。笋期 5 月中旬。

生长习性与栽培特点：适应酸性土至中性土，但在 pH8.5 左右的碱性土及含盐 0.1% 的轻盐土中亦能生长，忌排水不良。能耐 −18℃ 的低温。可移植母株或用播种方法繁殖。

景观效果：刚竹枝叶青翠，是长江下游地区重要的观赏和用材竹种之一。可配植于建筑前后、山坡上、水池边、草坪一角，宜在居民新村、风景区种植。

刚竹 株型

刚竹 枝干

刚竹 叶

刚竹 景观效果

狗尾草

别名：阿罗汉草、狗尾巴草

科属分类：禾本科 狗尾草属

株型：禾本植物，一年生。

茎：高 10~100 厘米，基部径达 3~7 毫米。

叶：叶鞘松弛，无毛或疏具柔毛或疣毛，边缘具较长的密绵状纤毛；叶舌极短，缘有长 1~2 毫米的纤毛；叶片扁平，长三角状狭披针形或线状披针形，先端长渐尖，基部钝圆形，几呈截状或渐窄，长 4~30 厘米，宽 2~18 毫米，通常无毛或疏被疣毛，边缘粗糙。叶上下表皮脉间均为微波纹或无波纹的、壁较薄的长细胞。

花：禾本科的花有一系列特殊的结构，也具有独特的名称，譬如内外颖片，来源是一个小穗的苞片。内外稃片来源各不相同，外稃来源于花的苞片，内稃与两片浆片则来自花被片。两片浆片能够在不同湿度下，起到撑开或不撑开花朵的作用。浆片不解剖一般是看不到的，而内外颖片、内外稃片大都呈绿色，对于狗尾草亦是如此。圆锥花序紧密呈圆柱状或基部稍疏离，直立或稍弯垂，主轴被较长柔毛，长 2~15 厘米，宽 4~13 毫米（除刚毛外），刚毛长 4~12 毫米，粗糙或微粗糙，直或稍扭曲，通常为绿色、褐黄色、紫红色、紫色；小穗 2~5 个簇生于主轴上或更多的小穗着生在短小枝上，椭圆形，先端钝，长 2~2.5 毫米，绿色；第一颖为卵形、宽卵形，长约为小穗的 1/3，先端钝或稍尖，具 3 脉；第二颖几乎与小穗等长，椭圆形，具 5~7 脉；第一外稃与小穗等长，具 5~7 脉，先端钝，其内稃短小狭窄；第二外稃为椭圆形，顶端钝，具细点状皱纹，边缘内卷，狭窄；鳞被为楔形，顶端微凹；花柱基分离。

果：果呈灰白色，果期 5—10 月。

生长习性与栽培特点：在全国各地均有分布，生于海拔 4000 米以下的荒野、道旁，为旱地常见的一种杂草。原产欧亚大陆的温带和暖温带地区，现广布于全世界的温带和亚热带地区。喜长于疏松肥沃、富含腐殖质的砂质土壤及黏质土壤。狗尾草易与农作物争夺水分、养分和光能，是作物病害和虫害的中间寄主，容易影响作物产量和品质，因此在果园或农田内要定期拔除，将其消灭在幼苗阶段。

景观效果：狗尾草可与其他观赏草合理配置种植，丰富景观效果，也可以与其他花卉一起种植，其清新的绿色与各色鲜花搭配形成鲜明对比，组成清新自然的景观，还可以当作盆栽摆放在花园或是庭院里，打造别致的田园趣味，符合现代人回归自然的心理需求。

狗尾草 株型

狗尾草 茎

狗尾草 叶

狗尾草 花

红花酢浆草

别名： 大酸味草、多花酢浆草、南天七、铜锤草、紫花酢浆草、夜合梅、大叶酢浆草、三夹莲

科属分类： 醉浆草科 醉浆草属

株型： 多年生常绿直立草本。植株丛生，高 20~30 厘米。

茎： 无地上茎，地下部分有球状鳞茎，外层为鳞片膜质，褐色，背具 3 条肋状纵脉，被长缘毛，内层鳞片呈三角形，无毛。

叶： 叶基生；叶柄长 5~30 厘米或更长，被毛；小叶 3 片，扁圆状倒心形，长 1~4 厘米，宽 1.5~6 厘米，顶端凹入，基部宽楔形，表面绿色，被毛或近无毛；背面浅绿色，通常两面或有时仅边缘有干后呈棕黑色的小腺体，背面被疏毛；托叶长圆形，顶部狭尖，与叶柄基部合生。

花： 总花梗基生，长 10~40 厘米或更长，被毛；花梗、苞片、萼片均被毛；花梗长 5~25 毫米，每个花梗有披针形干膜质苞片 2 枚；萼片 5 个，披针形，长约 4~7 毫米，先端有暗红色长圆形的小腺体 2 枚，顶部腹面被疏柔毛；花瓣 5 片，倒心形，长 1.5~2 厘米，为萼长的 2~4 倍，淡紫色至紫红色，基部颜色较深；雄蕊 10 枚，长的 5 枚超出花柱，另 5 枚伸至子房中部，花丝被长柔毛；子房 5 室，花柱 5 个，被锈色长柔毛，柱头浅 2 裂。3—12 月开花，其中 4—7 月和 9—11 月为盛花期，8 月少有花。

果： 蒴果为短条形，长 1.7~2 厘米，有毛。果期 3—12 月。

生长习性与栽培特点： 喜向阳、温暖、湿润的环境，夏季炎热地区宜遮半阴，抗旱能力较强，不耐寒，华北地区冬季需进温室栽培，长江以南可露地越冬。对土壤适应性较强，但以腐殖质丰富的砂质土壤为佳，夏季有短期的休眠。在阳光极好时，容易开放。在春秋两季进行繁殖，此时地下茎充实，新芽已经形成，用手掰开栽种即可，极易成活。宜在春季种植，成活率较高，将球茎切成块，每块上带 2~3 个芽，栽上一个多月即可发出新叶片，当年就能开花。生长期每月施一次有机肥，并及时浇水。生长期需注意浇水，保持湿润，并施肥 2~3 次，可保持花繁叶茂。炎热季节生长缓慢，基本上处于休眠状态，要注意停止施肥水，置于阴处，多加保护才能越夏。冬春季节生长旺盛期应加强肥水管理。

景观效果： 红花酢浆草在园林中种植广泛，既可以布置于花坛，又适于大片栽植作为地被植物和隙地丛植，还是盆栽的良好材料。它具有植株低矮、整齐，花多叶繁，花期长，花色艳，覆盖地面迅速，又能抑制杂草生长等诸多优点，很适合在花坛、花径、疏林地及林缘大片种植。用红花酢浆草组字或组成模纹图案效果很好。

红花酢浆草 株型

红花酢浆草 茎

红花酢浆草 叶

红花酢浆草 花

红花酢浆草 果

红花酢浆草 景观效果

鸡冠花

别名：鸡髻花、芦花鸡冠

科属分类：苋科 青葙属

株型：一年生草本，高30~80厘米，全株无毛。分枝少，近上部扁平，绿色或带红色，有棱纹凸起。

茎：茎直立，粗壮。

叶：单叶互生，有柄。叶为卵形、卵状披针形或披针形，长5~13厘米，宽2~6厘米，顶端渐尖或有长尖，基部渐狭，全缘。

花：花呈密生状，成扁平肉质鸡冠状、卷冠状或羽毛状的穗状花序，一个大花序下面有数个较小的分枝，为圆锥状矩圆形，表面羽毛状；花被片为红色、紫色、黄色、橙色或红色黄色相间。花期7—9月。

果：胞果为卵形，长3毫米，盖裂，包裹在宿存花被内。胞果又称囊果，是由合生心皮形成的一类果实，有一枚种子。

生长习性与栽培特点：鸡冠花喜温暖干燥气候，怕干旱，喜阳光，不耐涝，但对土壤要求不严，一般土壤都能种植。一般清明时选好地块，施足基肥，耕细耙匀，整平作畦，将种子均匀地撒于畦面，盖严种子，浇透水，一般在气温15℃~20℃时，10~15天可出苗。幼苗期时，一定要除草松土，不太干旱时，尽量少浇水。苗高尺许，要施追肥一次。鸡冠花生长期浇水不能过多，开花后要控制浇水，天气干旱时适当浇水，阴雨天需及时排水，从苗期开始摘除全部腋芽，等到鸡冠形成后，每隔10天施一次稀释的复合液肥。

景观效果：鸡冠花的品种多、花色多，是夏秋季常用的花坛用花。高型品种用于花境、花坛，还是很好的切花材料，切花瓶插能保持10天以上，也可制干花，经久不凋。鸡冠花对二氧化硫、氯化氢具有良好的抗性，可起到绿化、美化和净化环境的多重作用，适宜用于厂矿区绿化，称得上是一种抗污染环境的观赏型花卉。

鸡冠花 株型

鸡冠花 茎

鸡冠花 叶

鸡冠花 花

锦绣苋

别名：红草、红节节草、红莲子草、五色草

科属分类：苋科　莲子草属

株型：多年生草本，高 20~50 厘米。

茎：茎直立或基部匍匐，多分枝，上部四棱形，下部圆柱形，两侧各有一纵沟，在顶端及节部有贴生柔毛。

叶：叶片为矩圆形、矩圆倒卵形或匙形，长 1~6 厘米，宽 0.5~2 厘米，顶端尖或圆钝，基部渐狭，边缘皱波状，绿色或红色，或部分绿色，杂以红色或黄色斑纹，幼时有柔毛脱落；叶柄长 1~4 厘米，稍有柔毛。

花：头状花序顶生及腋生，2~5 个丛生，长 5~10 毫米，无总花梗；苞片及小苞片为卵状披针形，长 1.5~3 毫米，顶端渐尖，无毛或脊部有长柔毛；花被片为卵状矩圆形，白色，外面 2 片长 3~4 毫米，凹形，背部下半密生开展柔毛，中间 1 片较短，稍凹或近扁平，疏生柔毛或无毛，内面 2 片极凹，稍短且较窄，疏生柔毛或无毛；雄蕊 5 枚，花丝长 1~2 毫米，花药条形，其中 1~2 个较短且不育；退化雄蕊为带状，高至花药的中部或顶部，顶端裂成 3~5 个极窄条；子房无毛，花柱长约 0.5 毫米。花期 8—9 月。

果：果实不发育。

生长习性与栽培特点：性喜高温，最适宜在 22℃~32℃ 的条件下生长，极不耐寒，冬季宜在温度 15℃ 左右、湿度 70% 左右的温室中越冬。锦绣苋喜光，略耐阴，不耐夏季酷热，不耐湿也不耐旱，对土壤要求不严。可选择无病虫害、成熟、生命力旺盛的嫩枝，含 2 个或 2 个以上腋芽、约 4~6 厘米长的一段枝条作为插穗，也可以通过扦插方式进行繁殖。锦绣苋在种植以后，要全面浇水一次，并需浇透，以防芽干。以后每日浇水 1~2 次，天气干旱时要加大浇水量，做好喷水降温。锦绣苋不同的草种对水的需求不一样，其浇水次数也不一样，若要培养出株形丰满的植株，则应摘心，以促进侧枝生长。花序出现后，若不采种则应及时摘去，以免消耗营养，影响株形。

景观效果：可用作花坛、地被等，是模纹花坛的良好材料。叶片有红色、黄色、绿色或紫褐色等类型，利用其耐修剪和不同色彩的特性，可以配植成各种花纹、图案、文字等平面或立体的形象，但种植时要注意品种色彩的搭配。若要制作立体雕塑或花坛，需要预制牢固的骨架，缠上尼龙绳，然后种上锦绣苋。

锦绣苋 株型

锦绣苋 茎

锦绣苋 叶 1

锦绣苋 叶 2

锦绣苋 花

锦绣苋 景观效果

苦苣菜

别名：滇苦菜、拒马菜、苦苦菜、滇苦苣菜

科属分类：菊科 苦苣菜属

株型：一年生或二年生草本。

茎：茎直立，单生，高 40~150 厘米，有纵条棱或条纹，不分枝或上部有短的伞房花序状或总状花序式分枝，全部茎枝光滑无毛，或上部花序分枝及花序梗被头状有柄的腺毛。

叶：基生叶羽状深裂，为长椭圆形或倒披针形，或大头羽状深裂，为倒披针形，或基生叶不裂，为椭圆形、椭圆状戟形、三角形、三角状戟形或圆形，全部基生叶基部渐狭成长或短翼柄；中下部茎叶羽状深裂或大头状羽状深裂，为椭圆形或倒披针形，长 3~12 厘米，宽 2~7 厘米，基部渐狭成翼柄，翼狭窄或宽大，向柄基且逐渐加宽，柄基圆耳状抱茎，顶裂片与侧裂片等大，或比侧裂片大，宽三角形、戟状宽三角形、卵状心形，侧生裂片 1~5 对，椭圆形，常下弯，全部裂片顶端渐尖，下部茎叶或接花序分枝下方的叶与中下部茎叶同型，并等样分裂或不分裂，为披针形或线状披针形，且顶端长渐尖，下部宽大，基部半抱茎；全部叶或裂片边缘及抱茎小耳边缘有大小不等的急尖锯齿或大锯齿，或上部、边缘大部全缘或上半部边缘全缘，顶端急尖或渐尖，两面光滑毛，质地薄。

花：头状花序少数在茎枝顶端排成紧密的伞房花序或总状花序。总苞宽钟状，长 1.5 厘米，宽 1 厘米；总苞片 3~4 层，覆瓦状排列，向内层渐长；外层为长披针形或长三角形，长 3~7 毫米，宽 1~3 毫米，中内层为长披针形至线状披针形，长 8~11 毫米，宽 1~2 毫米；全部总苞片顶端长急尖，外面无毛或外层或中内层上部沿中脉有少数头状有柄的腺毛。舌状小花占多数，黄色。

果：瘦果褐色，长椭圆形或长椭圆状倒披针形，长 3 毫米，宽不足 1 毫米，压扁，每面各有 3 条细脉，肋间有横皱纹，顶端狭，无喙，冠毛白色，长 7 毫米，单毛状，彼此纠缠。花、果期 5—12 月。

生长习性与栽培特点：生长于山坡或山谷林缘、林下或平地田间、空旷处或近水处。有播种繁殖和根茎繁殖两种方式。播种繁殖春、夏、秋均可进行，一般以春播为主，夏秋播为辅。春播可利用温床育苗，应尽可能提早。夏季露地直播须防止徒长，深秋播种应在保护设施中进行。但是，在冬季寒冷地区越冬栽培时，应定植在阳畦、大棚等保护设施中。根茎繁殖应挖取野生苦苣菜的母根，摘除老叶，按株距 15 厘米、行距 25 厘米，开沟 8~10 厘米深定植。为了减轻苦味，并使其品质柔嫩，可实行软化栽培。

景观效果：可种植于草坪中，也可与其他草本植物合理配植，进行点缀，可以丰富地被景观，打破绿色草坪的单调感，还可种植在山坡、路旁、田边及灌丛中，营造出自然清新的田园景观风光。

苦苣菜 茎

苦苣菜 株型

苦苣菜 花

苦苣菜 叶

苦苣菜 景观效果

阔叶箬竹

别名：寮竹、箬竹、壳箬竹

科属分类：禾本科　箬竹属

株型：灌木状竹类。

茎：竿高可达 2 米，直径 0.5~1.5 厘米；节间长 5~22 厘米，被微毛，尤以节下方为甚；竿环略高，箨环平；竿每节只有 1 个分枝，唯竿上部可分 2 或 3 枝，枝直立或微上举。

叶：箨鞘硬纸质或纸质，下部竿箨紧抱竿，而上部则较疏松抱竿，背部常具棕色疣基小刺毛或白色的细柔毛，以后毛易脱落，边缘具棕色纤毛；箨耳无或稀，不明显，疏生粗糙短毛；箨舌截形，高 0.5~2 毫米，先端无毛或有时具短毛而呈流苏状；箨片直立，线形或狭披针形。叶鞘无毛，先端稀具极小微毛，质厚，坚硬，边缘无纤毛；叶舌截形，高 1~3 毫米，先端无毛或稀具毛；叶片长圆状披针形，先端渐尖，长 10~45 厘米，宽 2~9 厘米，下表面呈灰白色或灰白绿色，生有微毛，次脉 6~13 对，小横脉明显，形成近方格形，叶缘生有小刺毛。

花：圆锥花序长 6~20 厘米，其基部为叶鞘所包裹，花序分枝上升或直立，一如花序主轴密生微毛；小穗常带紫色，几乎呈圆柱形，长 2.5~7 厘米，含 5~9 朵小花；小穗轴节间长 4~9 毫米，密被白色柔毛；颖通常质薄，具微毛或无毛，但上部和边缘生有绒毛，第一颖长 5~10 毫米，具不明显的 5~7 脉，第二颖长 8~13 毫米，具 7~9 脉；外稃先端渐尖呈芒状，具 11~13 脉，脉间小横脉明显，具微毛或近于无毛，第一外稃长 13~15 毫米，基盘密生白色长约 1 毫米之柔毛；内稃长 5~10 毫米，脊间贴生小微毛，近顶端生有小纤毛；鳞被长约 2~3 毫米；花药紫色或黄带紫色，长 4~6 毫米；柱头 2 个，羽毛状。花期 4—5 月。

果：果实未见。

生长习性与栽培特点：较耐寒，喜湿耐旱，对土壤要求不严，在轻度盐碱土壤中也能正常生长，喜光，耐半阴。移植母竹繁殖容易成活。栽后应及时浇水，覆草，开好排水沟，保持土壤湿润。

景观效果：阔叶箬竹叶大，植株矮小，常绿，姿态优美，是理想的庭院观赏和园林绿化竹种（可丛植、片植等）。同时，它还可与枪刀竹、水竹、石竹等灌丛植被构建小径竹群系或作为优势种群构建垂直结构（灌木层）完整的群落体系。

阔叶箬竹 株型

阔叶箬竹 茎

阔叶箬竹 叶

阔叶箬竹 结构图

雄蕊

雌蕊 鳞片

具叶花枝

叶鞘顶端

根茎及茎下部

阔叶箬竹 景观效果

葎草

别名：葛勒子秧、锯锯藤、拉拉藤、勒草

科属分类：桑科　葎草属

株型：一年生或多年生缠绕草本。

茎：茎枝和叶柄有倒刺。

叶：叶纸质，对生，叶片近肾状五角形，基部心脏形，表面粗糙，背面有柔毛和黄色腺体；裂片为卵状三角形，直径 7~10 厘米，掌状深裂，裂片 3~7 个，边缘有粗锯齿，两面有粗糙刺毛，下面有黄色小腺点；叶柄长 5~20 厘米。

花：花单性，雌雄异株；雄花小，淡黄绿色，排列成长 15~25 厘米的圆锥花序，花被片和雄蕊各 5 枚；雌花排列成近圆形的穗状花序，每 2 朵花外具 1 个卵形、有白刺毛和黄色小腺点的苞片，花被退化为一个全缘的膜质片。花期为春夏季。葎草的雌雄株花期不一致，雄株 7 月下旬开花，而雌株在 8 月中旬开花，开花后生长缓慢。

果：瘦果浅黄色，扁圆形，先端有圆柱状突起。成熟后露出苞片，形成球状果。果期为秋季。

生长习性与栽培特点：性喜半阴，耐寒，喜排水良好的肥沃土壤，常生长于荒地、废墟、林缘、沟边等地。用播种法繁殖。生长迅速，管理粗放，无需特别照顾，可根据长势略加修剪。葎草的茎缠绕在植株上，很容易危害果树及作物，在必要时可通过人工防治、机械防治、化学防治、替代控制等方法进行除草。

景观效果：葎草抗逆性强，作为水土保持植物，可在堤岸、河道旁或是湿地种植，减少地表径流侵蚀和土壤肥力损失，从而达到保持水土和改善土壤结构的作用。葎草还是攀缘植物，可以作为垂直绿化的重要材料。

葎草 株型及景观效果

葎草 茎

葎草 叶

葎草 花

葎草 果

马蹄金

别名：小金钱草、小马蹄金、黄疸（胆）草、小元宝草、铜钱草、落地金钱、金马蹄草、荷苞草、肉馄饨草、金钥匙、玉馄饨、小半边钱、小灯盏

科属分类：旋花科　马蹄金属

株型：多年生匍匐草本植物。

茎：茎细长，被灰色短柔毛，节上生根。

叶：叶为肾形至圆形，直径 0.4~2.5 厘米，先端宽圆形或微缺，基部阔心形，叶面微被毛，背面被贴生短柔毛，叶柄长 (1.5)3~5(6) 厘米。

花：花单生叶腋，花柄短于叶柄，丝状；萼片为倒卵状长圆形至匙形，钝，长 2~3 毫米，背面及边缘被毛；花冠为钟状，较短至稍长于萼，黄色，有 5 个深裂，裂片为长圆状披针形，无毛；雄蕊 5 枚，着生于花冠 2 裂片间弯缺处，花丝短，等长；子房被疏柔毛，2 室，具 4 枚胚珠，花柱 2 个，柱头头状。

果：蒴果近球形，小，短于花萼，直径约 1.5 毫米，果皮膜质。种子 1~2 枚，黄色至褐色，无毛。

生长习性与栽培特点：马蹄金性喜温暖、湿润气候，不但适应性强，竞争力和侵占性强，生命力旺盛，而且具有一定的耐踩踏能力。其对土壤要求不是很严格，只要排水条件适中，在砂质土壤和黏质土壤上均可种植。多生长于疏林下、林缘及山坡、路边、河岸、河滩及阴湿草地上，多集群生长，片状分布。马蹄金主要有播种繁殖和分蔸繁殖两种繁殖方法。播种繁殖可春播也可秋播，一般春播以 4—5 月为宜，秋播以 9—10 月为宜；分蔸繁殖可以在每年的 4—5 月份将马蹄金的匍匐茎带土铲起，将准备好的马蹄金植株分开，分成小蔸进行栽植。

景观效果：马蹄金既有观赏价值，又有固土护坡、绿化、净化环境的作用，作为优良的地被植物已被广泛应用于中国南方地区。其叶色翠绿，植株低矮，叶片密集、美观，耐轻度踩踏，生命力旺盛，抗逆性强，适应性广，对生长条件要求较低，无需修剪，是一种优良的草坪草及地被绿化材料，适用于公园、庭院、绿地等栽培观赏，也可作为沟坡、堤坡、路边的固土材料。

马蹄金 株型

马蹄金 茎

马蹄金 叶

马蹄金 花

马蹄金 果

马蹄金 景观效果

墨菊

别名：墨荷

科属分类：菊科　菊属

株型：多年生草本植物，高 60~150 厘米。

茎：茎直立，分枝或不分枝，被柔毛。

叶：叶为卵形至披针形，长 5~15 厘米，羽状浅裂或半裂，有短柄，背面被白色短柔毛。

花：头状花序直径 2.5~20 厘米，大小不一。花开初期为荷花型，盛放时期为反卷型，花盘较大，总苞片多层，外层外面被柔毛。花色为深紫红色，如墨色一样淡雅，端庄雅致。花瓣质地较薄，并有绒毛。

果：瘦果不发育。

生长习性与栽培特点：墨菊喜光，但也稍耐阴。较耐干，最忌积涝。喜凉，且较耐寒，生长最适温度为 18℃~21℃，最高 32℃，最低 10℃，地下根茎耐低温，极限一般为 –10℃。喜好土层深厚干燥、富含腐殖质、疏松肥沃且排水良好的砂质土壤，在微酸性到中性的土壤中均能生长，而以 pH6.2~6.7 较好。繁殖方式有芽插、地插和嫁接。盆土栽培时，宜选用肥沃的砂质土壤，先用小盆，后换大盆，经过 2~3 次换盆可定植；定植后浇透水放置在阴凉处，待植株正常生长后再移至向阳处。在墨菊幼苗期不宜过度浇水，待夏季植株成熟时需充分浇水，并要用喷水壶向菊花枝叶及周围地面喷水，以增加环境湿度；立秋前要适量浇水和施肥，防止植株疯长，但在开花前期需大量浇水并施肥。当菊花植株长至 10 多厘米高时，要进行摘心疏蕾，摘去植株下端的花蕾，每个分枝上只留顶端一个花蕾。

景观效果：墨菊是名贵花草，是中国十大名菊之一。花色深紫色，枝干黑紫，粗细不一，常常开花于秋天，晚于同类。色泽浓而不重，花盘硕大，花径如掌，红中带紫，紫中透黑；花芯厚实，花辨如丝，花色如墨。在色彩缤纷的秋菊衬托下，凝重不失活泼，华丽不失娇媚。墨菊端庄大气，作为盆景很适合摆放在具有中国风特色的室内空间或庭院中，可成为点睛之笔。墨菊还可用于布置花坛、花境和草坪，亦可制作成各种造型，如菊塔、菊亭、菊门等，可形成明显的季节变化，与景石、栅栏和树篱相配，更是别有一番风味。

墨菊 株型 1

墨菊 株型 2

墨菊 茎

墨菊 叶

墨菊 花

墨菊 景观效果

木茼蒿

别名：东洋菊、法兰西菊、少女花

科属分类：菊科 蓬蒿属

株型：一年生草本，高30~60厘米，全体生腺毛。

茎：匍地生长，被有黏质柔毛。

叶：木茼蒿为一年生草本，高30~60厘米，全体生腺毛。叶有短柄或近无柄，呈卵形，顶端急尖，基部阔楔形或楔形，全缘，长3~8厘米，宽1.5~4.5厘米，侧脉不显著，每边5~7条。

花：花单生于叶腋，花梗漏斗状，长3.5~5厘米，花萼呈5瓣深裂，裂片条形，长1~1.5厘米，宽约3.5毫米，顶端圆钝，果实宿存；花冠白色或紫色，另有双色、星状和脉纹等，长5~7厘米，筒部向上渐扩大，檐部展开，有5个浅裂；雄蕊4长1短，花柱超过雄蕊。花期4月至霜降，冬暖地区可持续开花。

果：蒴果为圆锥状，长约1厘米，2个瓣裂，各裂瓣顶端又有2个浅裂，种子极小，接近球形，直径约0.5毫米，褐色。

生长习性与栽培特点：喜温暖和阳光充足的环境，不耐霜冻，怕雨涝。生长适温为13℃~18℃，冬季温度为4℃~10℃，如低于4℃，植株生长停止。夏季能耐35℃以上的高温，但在生长旺期需要充足的水分。木茼蒿在长江中下游地区一年四季均可播种育苗，因一般花期控制在5—10月，所以播种时间秋播在10—11月，春播在6—7月。播种前装好介质，浇透水，播后湿润种子，种子不能覆盖任何介质，否则会影响发芽。当植株出现3对真叶时，根系已完好形成，温度、湿度、施肥要求同前，仍要注意通风、防病。木茼蒿在夏季比较耐高温，一般只在移栽后几天加以遮阳、缓苗，并且将温度控制在20℃左右，不能低于15℃，否则会推迟开花或不开花。浇水始终遵循不干不浇、浇则浇透的原则，夏季需摘心一次，其他时间无需摘心。

景观效果：常常被用作盆栽、吊盆、花台及花坛美化，大面积栽培具有地被效果，景观瑰丽、悦目。木茼蒿不仅是花园中不可缺少的观赏用花，也是庆典或者重要活动中的必用花。

木茼蒿 茎

木茼蒿 株型

木茼蒿 花

木茼蒿 叶

木茼蒿 果

平车前

别名：车前草、小车前、车串串

科属分类：车前科 车前属

株型：一年生或二年生草本植物。

茎：根茎短，直根长，具多数侧根，肉质。

叶：叶基生呈莲座状，平卧、斜展或直立；叶片纸质，椭圆形、椭圆状披针形或卵状披针形，长 3~12 厘米，宽 1~3.5 厘米，先端尖或微钝，边缘具浅波状钝齿、不规则锯齿，基部宽楔形至狭楔形，下延至叶柄，脉 5~7 条，上面略凹陷，于背面明显隆起，两面疏生白色短柔毛；叶柄长 2~6 厘米，基部扩大成鞘状。

花：花序 3~10 个；花序梗长 5~18 厘米，有纵条纹，疏生白色短柔毛；穗状花序细圆柱状，上部密集，基部常间断，长 6~12 厘米；苞片三角状卵形，长 2~3.5 毫米，内凹，无毛，龙骨突宽厚，宽于两侧片，不延至或延至顶端。花萼长 2~2.5 毫米，无毛，龙骨突宽厚，不延至顶端，前对萼片为狭倒卵状椭圆形至宽椭圆形，后对萼片为倒卵状椭圆形至宽椭圆形。花冠白色，无毛，冠筒等长或略长于萼片，裂片极小，椭圆形或卵形，长 0.5~1 毫米，于花后反折。雄蕊着生于冠筒内面近顶端，同花柱明显外伸，花药为卵状椭圆形或宽椭圆形，长 0.6~1.1 毫米，先端具宽三角状小突起，新鲜时呈白色或绿白色，干后变淡褐色。胚珠 5 枚。花期 5—7 月。

果：蒴果为卵状椭圆形至圆锥状卵形，长 4~5 毫米，于基部上方裂开。种子 4~5 颗，椭圆形，腹面平坦，长 1.2~1.8 毫米，黄褐色至黑色；子叶背腹向排列。果期 7—9 月。

生长习性与栽培特点：平车前适应性强，在中国从南到北的山间田野、路旁河边随处可见。平车前耐寒、耐旱，对土壤要求不严，在温暖、潮湿、向阳、砂质土壤中均能生长良好。20℃~24℃范围内茎叶能正常生长，气温超过 32℃，则生长缓慢，逐渐枯萎直至整株死亡。一般采用种子繁殖。平车前出苗后生长缓慢，易被杂草抑制，幼苗期应及时除草，除草要结合松土进行，一般每年进行 3~4 次松土除草。苗高 3~5 厘米时进行间苗，条播按株距 10~15 厘米留苗。平车前喜肥，施肥后叶片生长旺盛且抗性增强，穗多穗长，产量高。

景观效果：可种植于景观草坪中，丰富地被景观，亦可种植在山坡、路旁、田埂及河边，营造出自然的田园景观风光。

平车前 株型

平车前 茎

平车前 叶

平车前 花

平车前 果

平车前 景观效果

葡萄

别名： 菩提子、草龙珠、山葫芦、蒲陶、蒲桃、赐紫樱桃

科属分类： 葡萄科　葡萄属

株型： 木质藤本。

茎： 小枝圆柱形，有纵棱纹，无毛或被稀疏柔毛。卷须 2 叉分枝，每隔 2 节间断与叶对生。

叶： 叶卵圆形，有显著的 3~5 个浅裂或中裂，长 7~18 厘米，宽 6~16 厘米，中裂片顶端有急尖，裂片常靠合，基部常缢缩，裂缺狭窄，间或宽阔，基部深心形，基缺凹成圆形，两侧常靠合，边缘有 22~27 个锯齿，齿深而粗大，不整齐，齿端有急尖，上面绿色，下面浅绿色，无毛或被疏柔毛；基生脉 5 出，中脉有侧脉 4~5 对，网脉不明显突出；叶柄长 4~9 厘米，几乎无毛；托叶早落。

花： 圆锥花序密集或疏散，多花，与叶对生，基部分枝发达，长 10~20 厘米，花序梗长 2~4 厘米，几乎无毛或疏生蛛丝状绒毛；花梗长 1.5~2.5 毫米，无毛；花蕾倒卵圆形，高 2~3 毫米，顶端近圆形；萼浅碟形，边缘呈波状，外面无毛；花瓣 5 片，呈帽状粘合脱落，黄绿色，先端粘合不展开，基部分离，开花时呈帽状整块脱落。雄蕊 5 枚，花盘隆起，由 5 个腺体所成，基部与子房合生；子房 2 室，每室有胚珠 2 枚，花柱短，圆锥形；花丝为丝状，长 0.6~1 毫米；花药黄色，卵圆形，长 0.4~0.8 毫米；花盘发达，有 5 个浅裂；雌蕊 1 枚，在雄花中完全退化；子房卵圆形，花柱短，柱头扩大。花期 4—5 月。

果： 果实球形或椭圆形，直径 1.5~2 厘米，富汁液，熟时紫黑色或红而带青色，外被蜡粉；种子为倒卵椭圆形，顶端为近圆形，基部有短喙，种脐在种子背面中部呈椭圆形，种脊微突出，腹面中棱脊突起，两侧洼穴为宽沟状，向上达种子 1/4 处。果期 8—9 月。

生长习性与栽培特点： 葡萄喜光，耐低温，是喜水植物，但水分过多也有害生长，淹水 10 天以上会造成根系窒息。葡萄各物候期对水分要求不同。葡萄对土壤的适应性强，除了沼泽和盐碱地不适宜生长外，其余各类型土壤都能栽培，且以肥沃的砂质土壤最为适宜。采用扦插、压条、嫁接的方式栽培。

景观效果： 以花架种植的形式生长的葡萄多出现在私家庭院中，有遮阴观景的效果，同时也会引起人们采摘的兴趣。

葡萄 株型

葡萄 茎

葡萄 叶

葡萄 花

葡萄 果

葡萄 景观效果

蒲公英

别名：黄花地丁、婆婆丁、蒙古蒲公英、灯笼草、姑姑英、地丁

科属分类：菊科 蒲公英属

株型：多年生草本。

根：圆柱状，黑褐色，粗壮。

叶：叶为倒卵状披针形、倒披针形或长圆状披针形，长 4~20 厘米，宽 1~5 厘米，先端钝或尖，边缘有时有波状齿或羽状深裂，有时有倒向羽状深裂或大头羽状深裂，顶端裂片较大，为三角形或三角状戟形，全缘或具齿，每侧有裂片 3~5 个，裂片为三角形或三角状披针形，通常具齿，平展或倒向，裂片间常夹生小齿，基部渐狭成叶柄，叶柄及主脉常带红紫色，疏被蛛丝状白色柔毛或几乎无毛。

花：花葶一至数个，与叶等长或稍长，高 10~25 厘米，上部紫红色，密被蛛丝状白色长柔毛；封垄头状花序直径约 30~40 毫米；总苞钟状，长 12~14 毫米，淡绿色；总苞片 2~3 层，外层总苞片为卵状披针形或披针形，长 8~10 毫米，宽 1~2 毫米，边缘宽膜质，基部淡绿色，上部紫红色，先端增厚或有小到中等的角状突起；内层总苞片为线状披针形，长 10~16 毫米，宽 2~3 毫米，先端紫红色，或有小角状突起；舌状花黄色，舌片长约 8 毫米，宽约 1.5 毫米，边缘花舌片背面有紫红色条纹，花药和柱头暗绿色。花期 4—9 月。

果：瘦果为倒卵状披针形，暗褐色，长 4~5 毫米，宽 1~1.5 毫米，上部具小刺，下部具有成行排列的小瘤，顶端逐渐收缩为长约 1 毫米的圆锥至圆柱形喙基，喙长 6~10 毫米，纤细；冠毛白色，长约 6 毫米。果期 5—10 月。

生长习性与栽培特点：广泛生长于中、低海拔地区的山坡草地、路边、田野、河滩。采用播种繁殖，种子无休眠期，从春到秋可随时播种。播种后盖草保温，出苗时揭去盖草，约 6 天可以出苗，出苗前应保持土壤湿润。5 月末采收种子后立即播种，从播种至出苗需 10~12 天，延至夏季 7—8 月份播种，则从播种到出苗需 15 天。播种量一般每平方米为 3~4 克，可保苗 700~1000 株。当蒲公英出苗 10 天左右可进行第一次中耕除草，以后每 10 天左右中耕除草一次，直到封垄为止；做到田间无杂草。

景观效果：可作庭院观赏用。蒲公英种子随风飘散，营造出一种别致灵动的景观氛围。

蒲公英 株型

蒲公英 叶

蒲公英 花

蒲公英 果

蒲公英 景观效果

荠

别名：荠菜 菱角菜

科属分类：十字花科 荠属

株型：一年或二年生草本，高 10~50 厘米。

茎：茎直立，单一或从下部分枝。

叶：基生叶丛生呈莲座状，大头羽状分裂，长可达 12 厘米，宽可达 2.5 厘米，顶裂片为卵形至长圆形，长 5~30 毫米，宽 2~20 毫米，侧裂片 3~8 对，长圆形至卵形，长 5~15 毫米，顶端渐尖，浅裂，或有不规则粗锯齿或近全缘，叶柄长 5~40 毫米；茎生叶为窄披针形或披针形，长 5~6.5 毫米，宽 2~15 毫米，基部箭形，抱茎，边缘有缺刻或锯齿。

花：总状花序顶生及腋生，果期延长时达 20 厘米；花梗长 3~8 毫米；萼片长圆形，长 1.5~2 毫米；花瓣白色，卵形，长 2~3 毫米，有短爪。花柱长约 0.5 毫米。

果：果梗长 5~15 毫米。种子 2 行，长椭圆形，长约 1 毫米，浅褐色。花、果期 4—6 月。短角果为倒三角形或倒心状三角形，长 5~8 毫米，宽 4~7 毫米，扁平，无毛，顶端微凹，裂瓣具有网脉。

生长习性与栽培特点：荠生长在山坡、田边及路旁，野生，偶有栽培。荠属耐寒蔬菜，喜冷凉湿润的气候，种子发芽适温为 20℃~25℃，生长适宜温度为 12℃~20℃，对土壤要求不严，对土壤 pH 值要求为中性或微酸性。荠在长江流域可春、夏、秋三季栽培。春季栽培在 2 月下旬至 4 月下旬播种，夏季栽培在 7 月上旬至 8 月下旬播种，秋季栽培在 9 月上旬至 10 月上旬播种，如利用塑料大棚栽培，可于 10 月上旬至翌年 2 月上旬随时播种。荠种子细小，易受土壤水分影响。在出苗前，一定要注意浇水保湿，浇水要掌握"轻浇、勤浇"的原则，不能一次浇透，每隔 1~2 天浇一次。一般秋播后 3~4 天出苗，春播后 6~15 天出苗。当苗有 2 片真叶时，进行第一次追肥，第二次追肥于收获前 7~10 天进行。以后每收获一次追一次肥，施肥浓度可适当提高。秋播荠的采收期较长，可追肥四次，每次施肥量同春播荠。

景观效果：由于荠一般生长在山坡、田边及路旁，对土壤要求也不高，因此可以适量种植，作为地被层打造自然田园风光。

荠 株型

荠 茎

荠 叶

荠 花

荠 果

荠 景观效果

青蒿

别名：草蒿、蒿子草、香蒿、三庚草、白染艮、细叶蒿、草蒿子、牛尿蒿

科属分类：菊科 蒿属

株型：一年生草本，植株有香气。主根单一，垂直，侧根少。

茎：茎单生，高30~150厘米，上部多分枝，幼时绿色，有纵纹，下部稍木质化，纤细，无毛。

叶：叶两面青绿色或淡绿色，无毛；基生叶与茎下部叶为三回栉齿状羽状分裂，有长叶柄，花期叶凋谢；中部叶长圆形、长圆状卵形或椭圆形，长5~15厘米，宽2~5.5厘米，二回栉齿状羽状分裂，第一回全裂，每侧有裂片4~6个，裂片长圆形，基部楔形，每裂片具有多枚长三角形的栉齿或细小、略呈线状披针形的小裂片，先端锐尖，两侧常有1~3枚小裂齿或无裂齿，中轴与裂片羽轴常有小锯齿，叶柄长0.5~1厘米，基部有小型半抱茎的假托叶；上部叶与苞片叶一（至二）回栉齿状羽状分裂，无柄。

花：头状花序为半球形或近半球形，直径3.5~4毫米，具短梗，下垂，基部有线形的小苞叶，在分枝上排成穗状花序式的总状花序，并在茎上组成中等开展的圆锥花序；总苞片3~4层，外层总苞片狭小，长卵形或卵状披针形，背面绿色，无毛，有细小白点，边缘宽膜质，中层总苞片稍大，宽卵形或长卵形，边宽膜质，内层总苞片为半膜质或膜质，顶端圆；花序托球形；花淡黄色；雌花10~20朵，花冠狭管状，檐部具有2裂齿，花柱伸出花冠管外，先端2叉，叉端尖；两性花30~40朵，孕育或中间若干朵不孕育，花冠管状，花药线形，上端附属物有尖，长三角形，基部圆钝，花柱与花冠等长或略长于花冠，顶端2叉，叉端截形，有睫毛。

果：瘦果为长圆形至椭圆形。花果期6—9月。

生长习性与栽培特点：常星散生长于低海拔、湿润的河岸边、山谷、林缘、路旁等，也见于滨海地区。喜湿润，忌干旱，怕渍水，光照要求充足。应选择水源充足的田块，起厢种植。要求厢面宽1.2米，假植规格株行距为10~15厘米。假植后加强肥水管理，做到勤施薄施。假植18~20天（气温低时约需25~30天），当植株生长到10~15厘米时，即可移至大田种植。青蒿生长最旺盛期即花蕾期可进行收获。

景观效果：可在河边种植，或是在路旁种植，营造出自然轻松的景观氛围，较少作为景观材料，可根据景观需求适当种植。

青蒿 株型

青蒿 茎

青蒿 叶

青蒿 花

青蒿 果

青蒿 景观效果

三色堇

别名：蝴蝶花、三色堇菜

科属分类：堇菜科　堇菜属

株型：一、二年生或多年生草本，高 10~40 厘米。

茎：地上茎较粗，直立或稍倾斜，有棱，单一或多分枝。

叶：基生叶片为长卵形或披针形，具长柄；茎生叶片为卵形、长圆状圆形或长圆状披针形，先端圆或钝，基部圆，边缘具稀疏的圆齿或钝锯齿，上部叶柄较长，下部叶柄较短；托叶大，有羽状深裂，长 1~4 厘米。

花：花大，直径约 3.5~6 厘米，每个茎上有 3~10 朵花，通常每花有紫、白、黄三色；花梗稍粗，单生叶腋，上部具 2 枚对生的小苞片；小苞片极小，卵状三角形；萼片绿色，长圆状披针形，长 1.2~2.2 厘米，宽 3~5 毫米，先端尖，边缘狭膜质，基部附属物发达，长 3~6 毫米，边缘不整齐；上方花瓣为深紫色，侧方及下方花瓣均为三色，有紫色条纹，侧方花瓣里面基部密被须毛，下方花瓣距较细，长 5~8 毫米。花期 4—7 月。

果：蒴果为椭圆形，长 8~12 毫米，无毛，果期 5—8 月。其果实初期弯曲朝向地面，难以发现，渐渐成熟后便伸直朝向天空。

生长习性与栽培特点：喜凉爽，忌高温，怕严寒，在 12℃ ~18℃ 的温度范围内生长良好，可耐 0℃ 低温。三色堇喜微潮的土壤环境，不耐旱。生长期要保持土壤湿润，冬天应偏干，每次浇水要见底见湿。三色堇喜充足的日光照射，温度是影响三色堇开花的限制性因素，在昼温 15℃ ~25℃、夜温 3℃ ~5℃ 的条件下发育良好。小苗必须经过 28~56 天的低温环境，才能顺利开花，如果将其直接种到温暖的环境中，反而会使花期延后，昼温若连续在 30℃ 以上，则花芽消失，或不形成花瓣。三色堇可通过播种、扦插和分株三种方式进行繁殖，光照是开花的重要限制因素，日照长短比光照强度对开花的影响大，日照不良，开花不佳，在栽培过程中应保证植株每天接受不少于 4 小时的直射日光。但因其根系对光照敏感，在有光条件下，幼根不能顺利扎入土中，所以胚根长大前不需要光照，当小苗长出 2~3 片真叶时，应逐渐增加日照，使其生长更为茁壮。植株开花时，保持充足的水分对花朵的增大和花量的增多都是必要的。在气温较高、光照强的季节要注意及时浇水。三色堇宜薄肥勤施。

景观效果：三色堇在庭院布置上常地栽于花坛中，成片、成线、成圆镶边栽植都很相宜，还适宜布置在花境、草坪边缘。不同的品种与其他花卉配合栽种能形成独特的早春景观。另外也可盆栽，或布置阳台、窗台、台阶，或点缀居室、书房、客堂，颇具新意，饶有雅趣。

三色堇 株型

三色堇 茎

三色堇 叶

三色堇 花

三色堇 果

三色堇 景观效果

芍药

别名：余容、离草、红药

科属分类：芍药科 芍药属

株型：多年生草本。

茎：根粗壮，分枝黑褐色。茎高 40~70 厘米，无毛。

叶：下部茎生叶为二回三出复叶，上部茎生叶为三出复叶；小叶为狭卵形、椭圆形或披针形，顶端渐尖，基部楔形或偏斜，边缘具白色骨质细齿，两面无毛，背面沿叶脉疏生短柔毛。

花：花数朵，生茎顶和叶腋，有时仅顶端一朵开放，而近顶端叶腋处有发育不好的花芽，直径 8~11.5 厘米；苞片 4~5 厘米，披针形，大小不等；萼片 4 厘米，宽卵形或近圆形，长 1~1.5 厘米，宽 1~1.7 厘米；花瓣 9~13 厘米，倒卵形，长 3.5~6 厘米，宽 1.5~4.5 厘米，白色，有时基部具深紫色斑块；花丝长 0.7~1.2 厘米，黄色；花盘浅杯状，包裹心皮基部，顶端裂片钝圆；心皮无毛。花期 5—6 月。

果：菁葖长 2.5~3 厘米，直径 1.2~1.5 厘米，顶端具喙。果期 8 月。

生长习性与栽培特点：芍药喜光照，耐旱，植株在一年当中，随着气候的变化而产生阶段性发育变化，主要表现为生长期和休眠期的交替变化。其中以休眠期的春化阶段和生长期的光照阶段最为关健。芍药的春化阶段，要求在 0℃低温下，经过 40 天左右才能完成，然后混合芽方可萌动生长。芍药属长日照植物，花芽要在长日照下发育开花，混合芽萌发后，若光照时间不足，或在短日照条件下通常只长叶不开花或开花异常。芍药传统的繁殖方法是分株、播种、扦插、压条等。其中以分株法最为易行，被广泛采用。

景观效果：芍药可作专类园、切花、花坛等用花。芍药花大色艳，观赏性佳，和牡丹搭配可在视觉效果上延长花期，因此常和牡丹搭配种植。芍药属于十大名花之一。芍药还可以沿着小径作带形栽植，也可以在其他植物边缘栽培。可以被成片欣赏，也可以被单独欣赏，不同的花色也可以有不同的搭配，有广泛的园艺用途。

芍药 株型

芍药 茎

芍药 叶

芍药 花

芍药 果

芍药 景观效果

蛇莓

别名：三爪风、蛇泡草、龙吐珠

科属分类：蔷薇亚科 蛇莓属

株型：多年生草本。

茎：根茎短，粗壮；匍匐茎多数，长 30~100 厘米，有柔毛。

叶：小叶片为倒卵形至菱状长圆形，长 2~3.5(5) 厘米，宽 1~3 厘米，先端圆钝，边缘有钝锯齿，两面皆有柔毛，或上面无毛，具小叶柄；叶柄长 1~5 厘米，有柔毛；托叶为窄卵形至宽披针形，长 5~8 毫米。

花：花单生于叶腋；直径 1.5~2.5 厘米；花梗长 3~6 厘米，有柔毛；萼片卵形，长 4~6 毫米，先端锐尖，外面有散生柔毛；副萼片倒卵形，长 5~8 毫米，比萼片长，先端常具 3~5 个锯齿；花瓣倒卵形，长 5~10 毫米，黄色，先端圆钝；雄蕊 20~30 枚；心皮数量多，离生；花托在果期膨大，海绵质，鲜红色，有光泽，直径 10~20 毫米，外面有长柔毛。花期 6—8 月。

果：瘦果为卵形，长约 1.5 毫米，光滑或具不明显突起，鲜时有光泽。果期 8—10 月。

生长习性与栽培特点：蛇莓喜温暖湿润的气候，耐寒，不耐旱，不耐水渍。在华北地区可露地越冬，适生温度 15℃~25℃，其适应能力强，露天栽培，除冬季，均能成活。夏季移栽，成活率更高，生长迅速，更易成坪。蛇莓适应性强，对环境和土壤要求不严格，在砂质土、黄泥土、腐殖土中均能成活。栽植时应选择土质疏松、肥力适中、排水良好的土壤。一般人工栽植时全年需浇水 3~4 次，早春浇水可使草坪提早返青，旱季补充水 1~2 次，使草坪生长更为茂盛，景观效果更佳，入冬前最好再浇一次冻水。雨季需及时排水，防止因植株生长过旺，造成通风性差，引起植株腐烂，影响景观效果。全年无需施肥，可正常生长，若在早春施氮肥，可使其提早开花、结果，以营造良好的景观效果。

景观效果：蛇莓是优良的花卉，春季赏花，夏季观果。蛇莓植株低矮，枝叶茂密，具有春季返青早、耐阴、绿色期长等特点。每年 4 月初至 11 月一片浓绿，可以很好地覆盖住地面。花期时，一朵朵黄色的小花打破了绿色的沉闷，给人以生命活力之感。果期时，聚合果展示着乡野里的惊艳红色。作为多年生草本，蛇莓可自行繁殖，在华北地区其绿期长达 250 余天，可同时观花、果、叶，景观效果突出。蛇莓不耐践踏，在封闭的绿地内可表现出很好的观赏效果。

蛇莓 株型

蛇莓 茎

蛇莓 叶

蛇莓 花

蛇莓 果

蛇莓 景观效果

睡莲

别名：子午莲

科属分类：睡莲科 睡莲属

株：多年生水生草本。

茎：根状茎粗短肥厚。

叶：叶柄圆柱形，细长。叶椭圆形，丛生，浮于水面，全缘，叶纸质，直径6~11厘米，上面光亮浓绿，两面皆无毛，幼叶有褐色斑纹，下面红色或紫色。

花：花单生，直径3~5厘米；花梗细长；花萼基部四棱形，萼片革质，宽披针形或窄卵形，长2~3.5厘米，宿存；花瓣白色，宽披针形、长圆形或倒卵形，长2~2.5厘米。花期6—8月。

果：浆果球形，直径2~2.5厘米，为宿存萼片包裹；种子椭圆形，长2~3毫米，黑色。果期8—10月。

生长习性与栽培特点：睡莲喜阳光和通风良好的环境，在阳光不足之处生长时，虽也能开花，但长势较弱。喜高温水源，水池不宜过深，过深时水温低，不利于生长，生长所需的水深不应超过80厘米。喜肥，对土壤的要求不严，但喜富含有机质的土壤。睡莲通常用分株繁殖，分株在春季断霜后进行，也可采用播种繁殖，即在花开后转入水中。睡莲易遭蚜虫危害，发现后应及时喷药杀灭。睡莲在栽种后，2~3年需挖出，去除老根后重新栽植，否则茎多叶盛，过于郁闭，影响开花。

景观效果：睡莲是布置园林水景的重要花卉。在公园、风景区常用来点缀湖塘水面，景色秀丽，观赏效果极佳。

睡莲 株型

睡莲 茎

睡莲 叶

睡莲 花

睡莲 果

睡莲 景观效果

丝兰

别名：洋菠萝、软叶丝兰、毛边丝兰

科属分类：百合科　丝兰属

株型：球形，冠幅60~100厘米，植株丛生。

茎：很短或不明显。

叶：叶近莲座状簇生，坚硬，近剑形或长条状披针形，长25~60厘米，宽2.5~3厘米，顶端具一硬刺，边缘有许多稍弯曲的丝状纤维，密集丛生似螺旋状，排列于短茎上，呈放射状展开。

花：圆锥花序生于叶丛。花近钟形；花被6片，离生；雄蕊6枚，短于花被片，花丝粗厚，上部常外弯，花药较小，箭形，丁字状着生；花柱短或不明显，柱头3裂，子房近长圆形，3室。花葶高大而粗壮；花近白色，下垂排成狭长的圆锥花序，花序轴有乳突状毛；花被片长约3~4厘米；花丝有疏柔毛；花柱长5~6毫米。秋季开花。

果：果为倒卵状长圆形，有沟6条，长5~6厘米，不开裂。

生长习性与栽培特点：喜阳光充足及通风良好环境，耐瘠薄，耐寒，耐阴，耐旱，比较耐湿。对土壤要求不严，喜排水良好的砂质土壤，对瘠薄多石砾的堆土废地亦能适应。用分株和扦插法繁殖，易成活，方便简洁。在春秋季截取地上部分，将基部10~15厘米处的叶剪除，可直接用于园林种植绿化，也可将丝兰整株掘起，用利刀分切成若干株进行栽植。定植后管理简便，日常管理要注意适当培土施肥，以促进花序的抽放；发现枯叶残梗，应及时修剪，保持整洁美观。植株附着灰尘后，要经常喷水清洗。丝兰和丝兰蛾互相依存、互相适应，丝兰的胚珠因得丝兰蛾的传粉而受精，而丝兰蛾的幼虫也靠丝兰的胚珠为食料而存活。

景观效果：抗性强，适应性广，四季常青，观赏价值高，是园林绿化的重要树种。丝兰常年浓绿，花、叶皆美，树态奇特，数株成丛，高低不一，剑形叶放射状排列整齐，适合在庭院、公园、花坛中孤植或丛植，常栽在花坛中心、庭前、路边、岩石间、台坡，也可和其他花卉配植，亦可作为围篱，或种于围墙、栅栏之下，具有防护作用。丝兰还具有良好的净化空气功能，对有害气体如二氧化硫、氟化氢、氯气、氨气等均有很强的抗性和吸收能力，可大量种植于有污染的工矿企业园区。

丝兰 株型

丝兰 茎

丝兰 叶

丝兰 花

丝兰 景观效果

丝兰 果

万寿菊

别名：臭芙蓉、万寿灯、蜂窝菊、臭菊花、蝎子菊、金菊花

科属分类：菊科 万寿菊属

株型：一年生草本，高50~150厘米。

茎：茎直立，较为粗壮，具纵细条棱，分枝向上平展。

叶：叶羽状分裂，长5~10厘米，宽4~8厘米，裂片为长椭圆形或披针形，边缘具锐锯齿，上部叶裂片的齿端有长细芒；沿叶缘有少数腺体。

花：头状花序单生，径5~8厘米，花序梗顶端呈棍棒状膨大；总苞长1.8~2厘米，宽1~1.5厘米，杯状，顶端具齿尖；舌状花为黄色或暗橙色，长2.9厘米；舌片为倒卵形，长1.4厘米，宽1.2厘米，基部收缩成长爪，顶端微弯缺；管状花花冠呈黄色，长约9毫米，顶端具5个齿裂。花期7—9月。

果：瘦果线形，基部缩小，黑色或褐色，长8~11毫米，被短微毛；冠毛有1~2个长芒和2~3个短而钝的鳞片。

生长习性与栽培特点：万寿菊生长适宜温度为15℃~25℃，花期适宜温度为18℃~20℃，要求生长环境的空气相对湿度为60%~70%，冬季温度不低于5℃。夏季高温30℃以上，植株徒长，茎叶松散，开花少。10℃以下，生长减慢。万寿菊为喜光性植物，充足阳光对万寿菊生长十分有利。对土壤要求不严，以肥沃、排水良好的砂质土壤为佳。万寿菊采用宽窄行种植，按大小苗分行栽植。采用地膜覆盖，以提高地温，促进花提早成熟。移栽后要大水漫灌，促使早缓苗、早生根。移栽后要浅锄保墒，当苗高25~30厘米时出现少量分枝，从垄沟取土培于植株基部，以促发不定根，防止倒伏，同时抑制膜下杂草的生长。培土后根据土壤墒情进行浇水，每次浇水量不宜过大，勿漫垄，保持土壤间干间湿。

景观效果：万寿菊是一种常见的园林绿化花卉，其花大，花期长，常用来点缀花坛、广场，布置花丛、花境。中、矮生品种适宜作花坛、花径、花丛材料，也可作盆栽；植株较高的品种可作为背景材料或切花。万寿菊通常与红色花朵交相种植，红黄搭配，观赏性极强。

万寿菊 株型

万寿菊 茎

万寿菊 叶

万寿菊 花

万寿菊 果

万寿菊 景观效果

小蓬草

别名：加拿大蓬、小飞蓬

科属分类：菊科　白酒草属

株型：茎直立，高 50~100 厘米或更高。圆柱状，叶密集，一年生草本植物。

茎：圆柱状，具棱，有条纹，被疏长硬毛，上部多分枝。

叶：叶密集，基部叶花期时常枯萎，下部叶为倒披针形，长 6~10 厘米，宽 1~1.5 厘米，顶端尖或渐尖，基部渐狭成柄，边缘具疏锯齿或全缘，中部和上部叶较小，线状披针形或线形，近无柄或无柄，全缘或有 1~2 个齿，两面或仅上面被疏短毛，边缘常被上弯的硬缘毛。

花：头状花序多数，小，径 3~4 毫米，排列成顶生多分枝的大圆锥花序；花序梗细，长 5~10 毫米，总苞近圆柱状，长 2.5~4 毫米；总苞片 2~3 层，淡绿色，线状披针形或线形，顶端渐尖，外层约短于内层之半，背面被疏毛，内层长 3~3.5 毫米，宽约 0.3 毫米，边缘干膜质，无毛；花托平，径 2~2.5 毫米，具不明显的突起；雌花多数，舌状，白色，长 2.5~3.5 毫米，舌片小，稍超出花盘，线形，顶端具 2 个钝小齿；两性花淡黄色，花冠管状，长 2.5~3 毫米，上端具 4 或 5 个齿裂，管部上部被疏微毛。花期 5—9 月。

果：瘦果为线状披针形，长 1.2~1.5 毫米，稍扁压，被微毛；冠毛污白色，1 层，糙毛状，长 2.5~3 毫米。

生长习性与栽培特点：多生于干燥、向阳的土地上或者路边、田野、牧场、草原、河滩，要求排水良好且周围要有水分的土壤，易形成大片群落，在中国各地均有分布。能产生大量瘦果，借冠毛随风扩散，蔓延极快，对秋收作物、果园和茶园危害严重，为一种常见的杂草，通过分泌化感物质抑制邻近其他植物的生长。该植物还是棉铃虫和棉蟒象的中间寄主，其叶汁和捣碎的叶有刺激皮肤的作用。

景观效果：由于小蓬草是一种常见杂草，容易对其他植栽造成危害，一般不用作景观植物。

小蓬草 株型

小蓬草 叶

小蓬草 花

小蓬草 景观效果

鸭跖草

别名：碧竹子、翠蝴蝶、淡竹叶

科属分类：鸭跖草科 鸭跖草属

株型：一年生披散草本。

茎：多分枝，长可达1米，下部无毛，上部被短毛。

叶：叶为披针形至卵状披针形，叶序为互生，带肉质，长4~8厘米，宽1.5~2厘米，先端短尖，全缘，基部狭圆。

花：花朵为聚花序，顶生或腋生，雌雄同株，花瓣上面两瓣为蓝色，下面一瓣为白色，花苞呈佛焰苞状，绿色，雄蕊有6枚。有1.5~4厘米的柄，与叶对生，折叠状，展开后为心形，顶端短，有急尖，基部心形，长1.2~2.5厘米，边缘常有硬毛；聚伞花序，下面一枝仅有花1朵，具长8毫米的梗，不孕；上面一枝具花3~4朵，具短梗，几乎不伸出佛焰苞。花梗长仅3毫米，果期弯曲，长不过6毫米；萼片膜质，长约5毫米，内面2枚常靠近或合生；花瓣深蓝色；内面2枚具爪，长近1厘米。

果：蒴果为椭圆形，压扁状，成熟时开裂，长5~7毫米，2室，2裂片，有种子4颗。种子长2~3毫米，呈三棱状半圆形，棕黄色，一端平截，腹面平，有不规则窝孔和皱纹。

生长习性与栽培特点：常见生于湿地，适应性强，在全光照或半阴环境下都能生长。但不能过阴，否则叶色减退为浅粉绿色，易徒长。喜温暖、湿润气候，喜弱光，忌阳光暴晒，最适生长温度为20℃~30℃，夜间温度10℃~18℃生长良好，冬季不低于10℃。对土壤要求不严，耐旱性强，土壤略微湿润就可以生长，如果盆土长期过湿，易出现茎叶腐烂。繁殖可用播种、扦插、分株等方法。鸭跖草用播种繁殖可于2月下旬至3月上旬在温室育苗。播种前用25℃~27℃温水浸种8~10小时后捞出，在25℃~27℃下催芽3~5天，种子露白后即可播种。鸭跖草的每个节都可以产生新根。将植株的茎剪下，在整好的田内按5×10厘米的株、行距扦插定植。扦插后保持土壤湿润，光照较强时，应搭棚遮阳，避免失水过多而使扦插苗死亡。15天左右即可生根。

景观效果：可以营造出自然轻松的景观氛围。

鸭跖草 株型

鸭跖草 叶

鸭跖草 茎

鸭跖草 花

鸭跖草 景观效果

玉簪

别名：白鹤花、白玉簪、玉春棒、白萼

科属分类：百合科　玉簪属

株型：多年生宿根草本植物。

茎：根状茎粗厚，粗 1.5~3 厘米。

叶：叶为卵状心形、卵形或卵圆形，长 14~24 厘米，宽 8~16 厘米，先端近渐尖，基部心形，具 6~10 对侧脉；叶柄长 20~40 厘米。

花：花葶高 40~80 厘米，具几朵至十几朵花；花的外苞片为卵形或披针形，长 2.5~7 厘米，宽 1~1.5 厘米；内苞片很小；花单生或 2~3 朵簇生，长 10~13 厘米，白色，芳香；花梗长约 1 厘米；雄蕊与花被近等长或略短，基部约 15~20 毫米贴生于花被管上。

果：蒴果为圆柱状，有三棱，长约 6 厘米，直径约 1 厘米。花、果期 8—10 月。

生长习性与栽培特点：耐寒冷，喜阴湿环境，不耐强烈日光照射，要求土层深厚、排水良好且肥沃的砂质土壤。玉簪可通过分株和播种方式进行繁殖。分株方式是在春季发芽前或秋季叶片枯黄后，将其挖出，去掉根际的土壤，根据要求用刀将地下茎切开，最好每丛有 2~3 块地下茎并尽量多地保留根系，栽在盆中。播种方式则是在秋季种子成熟后采集晾干，翌春 3—4 月播种。盆栽可放在明亮的室内观赏，不能放在有阳光直射的地方，否则叶片会出现严重的日灼病。冬季入室，可在 0℃~5℃的冷房内过冬，翌年春季再换盆、分株。露地栽培可稍加覆盖越冬。生长期每 7~10 天施一次稀薄液肥。春季发芽期和开花前可施氮肥及少量磷肥作追肥，促进叶绿花茂。生长期在雨量少的地区要经常浇水，疏松土壤，以利生长。冬季适当控制浇水，停止施肥。

景观效果：玉簪叶娇莹，花苞似簪，色白如玉，清香宜人，是中国古典庭院中重要花卉之一。在园林中可作地被植物，也可盆栽观赏或作切花用。现代庭院，多配植于林下草地或建筑物背面，正是"玉簪香好在，墙角几枝开"，还可三两成丛点缀于花境中。

玉簪 株型

玉簪 茎

玉簪 叶

玉簪 花

玉簪 果

玉簪 景观效果

鸢尾

别名：扁竹花、蓝蝴蝶、屋顶鸢尾、蛤蟆七、紫蝴蝶

科属分类：鸢尾科　鸢尾属

株型：多年生草本，植株基部周围有老叶残留的膜质叶鞘及纤维。

茎：根状茎粗壮，二歧分枝，直径约 1 厘米，斜伸；须根较细而短。

叶：叶基生，黄绿色，稍弯曲，中部略宽，宽剑形，长 15~50 厘米，宽 1.5~3.5 厘米，顶端渐尖或短渐尖，基部鞘状，有数条不明显的纵脉。

花：花茎光滑，高 20~40 厘米，顶部常有 1~2 个短侧枝，中、下部有 1~2 片茎生叶；苞片 2~3 枚，绿色，草质，边缘膜质，色淡，披针形或长卵圆形，长 5~7.5 厘米，宽 2~2.5 厘米，顶端渐尖或长渐尖，内包含有 1~2 朵花；花呈蓝紫色，直径约 10 厘米；花梗甚短；花被管细长，长约 3 厘米，上端膨大成喇叭形，外花被裂片为圆形或宽卵形，长 5~6 厘米，宽约 4 厘米，顶端微凹，爪部狭楔形，中脉上有不规则的鸡冠状附属物，内花被裂片为椭圆形，长 4.5~5 厘米，宽约 3 厘米，花盛开时向外平展，爪部突然变细；雄蕊长约 2.5 厘米，花药鲜黄色，花丝细长，白色；花柱分枝扁平，淡蓝色，长约 3.5 厘米，顶端裂片近四方形，有疏齿；子房为纺锤状圆柱形，长 1.8~2 厘米。花期 4—5 月。

果：蒴果为长椭圆形或倒卵形，长 4.5~6 厘米，直径 2~2.5 厘米，有 6 条明显的肋，成熟时自上而下有 3 个裂瓣；种子黑褐色，梨形，无附属物。果期 6—8 月。

生长习性与栽培特点：喜阳光充足、气候凉爽的环境。要求适度湿润、排水良好、富含腐殖质、略带碱性的黏性土壤。鸢尾繁殖多采用分株、播种法。春季花后或秋季均可进行分株，一般种植 2~4 年后分栽 1 次。分割根茎时，注意每块应具有 2~3 个不定芽。种子成熟后应立即播种，实生苗需要 2~3 年才能开花。栽植距离 45~60 厘米，栽植深度 7~8 厘米为宜。种植后，土壤温度是最重要的因素，最低温为 5℃~8℃，最高温为 20℃。土温的高低直接影响到出苗率，最适土温控制在 16℃~18℃。为防止在种植喜肥作物或某种植阶段浇灌水分较少而引起盐分积累的问题，应配置功能良好的排水系统。一般来说，不宜在种植前施基肥，这会提高土壤中盐分的浓度，从而延缓鸢尾的根系生长，同时鸢尾对氟元素敏感，因此，禁止使用含氟的肥料。种植后，需要使用化学除草剂来清除杂草，同时避免对植株造成伤害。为使种植间距合适，通常采用每平方米有 64 个网格的种植网。

景观效果：鸢尾叶片碧绿青翠，花形大而奇，花色丰富，宛若翩翩彩蝶，是庭院中的重要花卉之一，也是优美的盆花和花坛用花，亦可用作地被植物，有些种类为优良的鲜切花材料。国外还有用此花制作香水的习俗。

鸢尾 株型

鸢尾 茎

鸢尾 叶

鸢尾 花

鸢尾 果

鸢尾 景观效果

紫花地丁

别名：光瓣堇菜、辽堇菜、野堇菜

科属分类：堇菜科 堇菜属

株型：多年生草本，无地上茎，高4~14厘米，果期高可达20厘米。

茎：根状茎短，垂直，淡褐色，长4~13毫米，粗2~7毫米，节密生，有数条淡褐色或近白色的细根。

叶：叶多数基生，莲座状；叶片下部者通常较小，三角状卵形或狭卵形，上部者较长，呈长圆形、窄卵状披针形或长圆状卵形，长1.5~4厘米，宽0.5~1厘米，先端圆钝，基部截形或楔形，边缘具较平圆齿，两面无毛或被细毛，有时仅下面沿叶脉被短毛，果期叶增大可长达10厘米，宽可达4厘米；叶柄在花期通常比叶片长1~2倍，上部具极狭的翅，无毛或被细短毛；托叶膜质，苍白色或淡绿色，长1.5~2.5厘米，2/3~4/5与叶柄合生，离生部分为线状披针形，边缘疏生腺体的流苏状细齿。

花：中等大，花为紫堇色或淡紫色，少量呈白色；花梗与叶等长或长于叶，无毛或有短毛。中部有2个线形小苞片；萼片为卵状披针形或披针形，长5~7毫米，先端渐尖，基部附属物短；花瓣为倒卵形或长圆状倒卵形，侧瓣长1~1.2厘米，内面无毛或有须毛；子房为卵形，无毛，花柱为棍棒状，比子房稍长，基部稍弯曲，柱头三角形，两侧及后方稍增厚成微隆起的缘边，顶部略平，前方具短喙。花期3月中旬至5月中旬。

果：蒴果为长圆形，长5~12毫米，无毛；种子为卵球形，长1.8毫米，淡黄色。果期4月中下旬至9月。

生长习性与栽培特点：性喜光，喜湿润的环境，耐阴也耐寒，不择土壤，适应性极强，繁殖容易，一般3月上旬萌动，盛花期25天左右，单花开花持续6天，开花至种子成熟为30天，4月至5月中旬有大量的闭锁花，可形成大量的种子，9月下旬又有少量的花出现。可通过播种和分株进行繁殖。播种时可采用撒播法，用小粒种子播种器或用手将种子均匀地撒在浸润透的床土上，撒种后用细筛筛过的细土覆盖，覆盖厚度以盖住种子为宜。种子出苗过程中，如有土壤干燥现象，可继续用盆浸法补充水分。播种后室内温度控制在15℃~25℃为好。分株时间在生长季节都可进行，但在夏季分株时注意遮阴。小苗出齐苗后要加强管理，特别要控制温度以防小苗徒长，此时光照要充足，白天温度控制在15℃左右，夜间为8℃~10℃，保持土壤稍干燥。当小苗长出第一片真叶时开始分苗，移苗时根系要舒展，底水要浇透。紫花地丁抗病能力强，生长期无需特殊管理，可在其生长旺季，每隔7~10天追施一次有机肥，会使其景观效果更佳。

景观效果：紫花地丁花期早且集中，植株低矮，生长整齐，株丛紧密，便于经常更换和移栽布置，所以适合用于早春模纹花坛的构图。紫花地丁返青早，观赏性高，适应性强，可作为有适度自播能力的地被植物，可大面积群植。

紫花地丁 株型

紫花地丁 叶

紫花地丁 果

紫花地丁 景观效果

紫堇

别名：断肠草、闷头花、蝎子花、山黄连、羊不吃、水黄连、野花生

科属分类：罂粟科 紫堇属

株型：一年生灰绿色草本，高 20~50 厘米，具主根。

茎：茎分枝，花枝常与叶对生，花葶状。

叶：基生叶具长柄，叶片近三角形，长 5~9 厘米，上面呈绿色，下面呈苍白色，一至二回羽状全裂，一回羽片 2~3 对，具短柄，二回羽片近无柄，倒卵圆形，羽状分裂，裂片为狭卵圆形，顶端钝，近具短尖。茎生叶与基生叶同形。

花：总状花序疏具 3~10 朵花。苞片为狭卵圆形至披针形，渐尖，全缘，有时下部疏具齿，约与花梗等长或稍长。花梗长约 5 毫米。萼片小，近圆形，直径约 1.5 毫米，具齿。花为粉红色至紫红色，平展。外花瓣较宽展，顶端微凹，无鸡冠状突起。上花瓣长 1.5~2 厘米；下花瓣近基部渐狭，内花瓣具鸡冠状突起；爪纤细，稍长于瓣片。柱头横向呈纺锤形，两端各具 1 乳突，上面具沟槽，槽内具极细小的乳突。

果：蒴果为线形，下垂，长 3~3.5 厘米，种子 1 列。种子密被环状小凹点，种阜小。

生长习性与栽培特点：生于海拔 400~1200 米的丘陵、沟边或多石地。繁殖可采用播种法，亦可进行块茎繁殖或珠芽繁殖。紫堇属花卉在光照不充足条件下，其开花性状突出，自播能力较强，是良好的耐阴观花及水土保持地被。紫堇喜温暖湿润环境，宜在水源充足、肥沃的砂质土壤中种植，怕干旱，忌连作。

景观效果：最宜在自然风景林下或溪涧山丘处种植，色调明快，极富野趣，亦可配植于池畔际、林缘花境等处。

紫堇 株型

紫堇 茎

紫堇 叶

紫堇 花

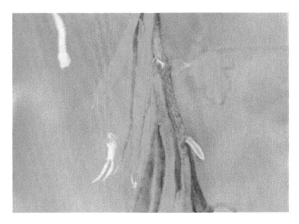

紫堇 果

紫堇 景观效果

紫茉莉

别名：粉豆花、胭脂花、夜饭花、状元花、丁香叶、苦丁香、野丁香

科属分类：紫茉莉科 紫茉莉属

株型：一年生草本，高可达1米。

茎：茎直立，圆柱形，多分枝，无毛或疏生细柔毛，节稍膨大。

叶：叶片为卵形或卵状三角形，长3~15厘米，宽2~9厘米，顶端渐尖，基部为截形或心形，全缘，两面均无毛，脉隆起；叶柄长1~4厘米，上部叶几无柄。

花：花常数朵簇生于枝端；花梗长1~2毫米；总苞钟形，长约1厘米，有5裂，裂片为三角状卵形，顶端渐尖，无毛，具脉纹，果时宿存；花被为紫红色、黄色、白色或杂色，高脚碟状，筒部长2~6厘米，檐部直径2.5~3厘米，有5浅裂；花午后开放，有香气，次日午前凋萎；雄蕊5枚，花丝细长，常伸出花外，花药球形；花柱单生，线形，伸出花外，柱头为头状。花期6—10月。

果：瘦果球形，直径5~8毫米，革质，黑色，表面具皱纹；种子胚乳白粉质。果期8—11月。

生长习性与栽培特点：性喜温和湿润的气候条件，不耐寒，冬季地上部分会枯死，在江南地区地下部分可安全越冬而成为宿根草花，来年春季续发长出新的植株。露地栽培要求土层深厚、疏松肥沃的土壤，盆栽可用一般花卉培养土。在光照不充足处生长更佳。花朵在傍晚至清晨开放，在强光下闭合，夏季若有树荫则生长开花良好，酷暑烈日下往往有脱叶现象。喜通风良好的环境，夏天有驱蚊的效果。栽培管理简便，早春播种，夏秋季开花结果。耐移栽，生长快，健壮。长江以南作多年生栽培，华北多作一年生栽培。

景观效果：紫茉莉花开繁茂，花夜开日闭，开花有芳香，观赏性很强，宜于在傍晚或夜间纳凉的地方布置，颇增生趣。可在房前屋后、篱旁、路边丛植，或于林缘成片栽培，也可利用其块根多年生特性，作树桩状露根式盆栽。

紫茉莉 株型

紫茉莉 茎

紫茉莉 叶

紫茉莉 花

紫茉莉 果

紫茉莉 景观效果

紫藤

别名：朱藤、招藤、招豆藤、藤萝

科属分类：豆科　紫藤属

株型：落叶藤本。

茎：茎左旋，枝较粗壮，嫩枝被白色柔毛，后秃净；冬芽卵形。树皮呈浅灰褐色，小枝淡褐色。

叶：奇数羽状复叶长 15~25 厘米；托叶为线形，早落；小叶 3~6 对，纸质，卵状椭圆形至卵状披针形，上部小叶较大，基部 1 对最小，长 5~8 厘米，宽 2~4 厘米，先端渐尖至尾尖，基部钝圆或楔形，或歪斜，嫩叶两面被平伏毛，后秃净；小叶柄长 3~4 毫米，被柔毛；小托叶刺毛状，长 4~5 毫米，宿存。

花：紫藤花的类型为总状花序，总状花序发自上年短枝的腋芽或顶芽，长 15~30 厘米，径 8~10 厘米，花序轴被白色柔毛；苞片为披针形，早落；花长 2~2.5 厘米，芳香；花梗细，长 2~3 厘米；花萼为杯状，长 5~6 毫米，宽 7~8 毫米，密被细绢毛，上方 2 齿甚钝，下方 3 齿为卵状三角形；花冠为紫色，旗瓣圆形，先端略凹陷，花开后反折，基部有 2 个胼胝体，翼瓣长圆形，基部圆，龙骨瓣较翼瓣短；子房为线形，密被绒毛；花柱无毛，上弯，胚珠 6~8 粒。花期 4 月中旬至 5 月上旬。

果：荚果为倒披针形，长 10~15 厘米，宽 1.5~2 厘米，密被绒毛，悬垂枝上不脱落，有种子 1~3 粒；种子褐色，具光泽，圆形，宽 1.5 厘米，扁平。果期 5—8 月。

生长习性与栽培特点：紫藤为暖温带植物，对气候和土壤的适应性强，较耐寒，能耐水湿及瘠薄土壤，喜光，较耐阴。在土层深厚、排水良好、向阳避风的地方栽培最适宜。紫藤繁殖容易，可用播种、扦插、压条、分株、嫁接等方法，主要采用播种、扦插。多于早春定植，定植前须先搭架，并将粗枝分别系在架上，使其沿架攀缘。由于紫藤寿命长，枝粗叶茂，制架材料必须坚实耐久。

景观效果：紫藤是优良的观花藤木植物，一般应用于园林棚架，春季紫花烂漫，别有一番观赏情趣，且开花繁多，串串花序悬挂于绿叶藤蔓之间，瘦长的荚果迎风摇曳，自古以来中国文人皆爱以其为题材吟诗作画。

紫藤 株型

紫藤 茎

紫藤 叶

紫藤 花

紫藤 果

紫藤 景观效果

西安交通大学
校园八个片区植物
种植测绘图

钱学森图书馆乔木图

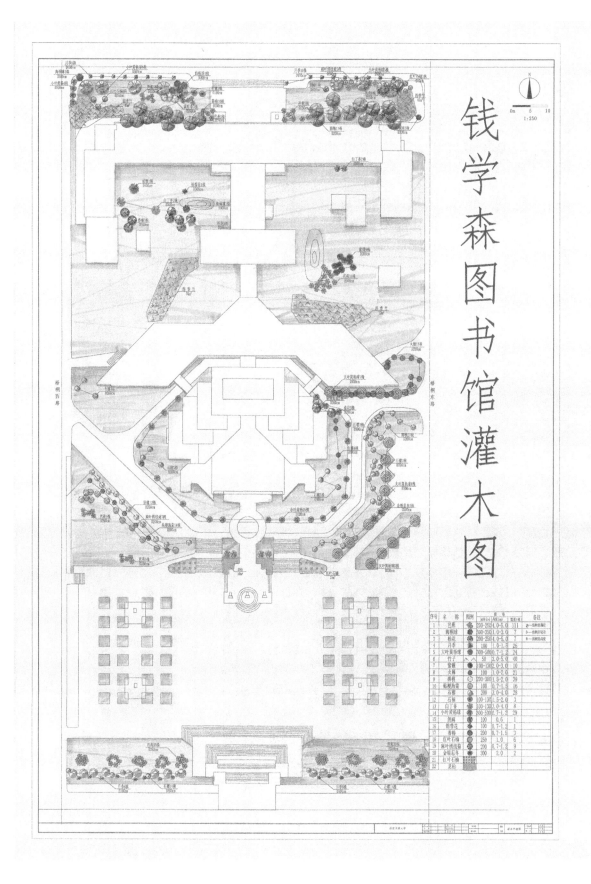

钱学森图书馆灌木图

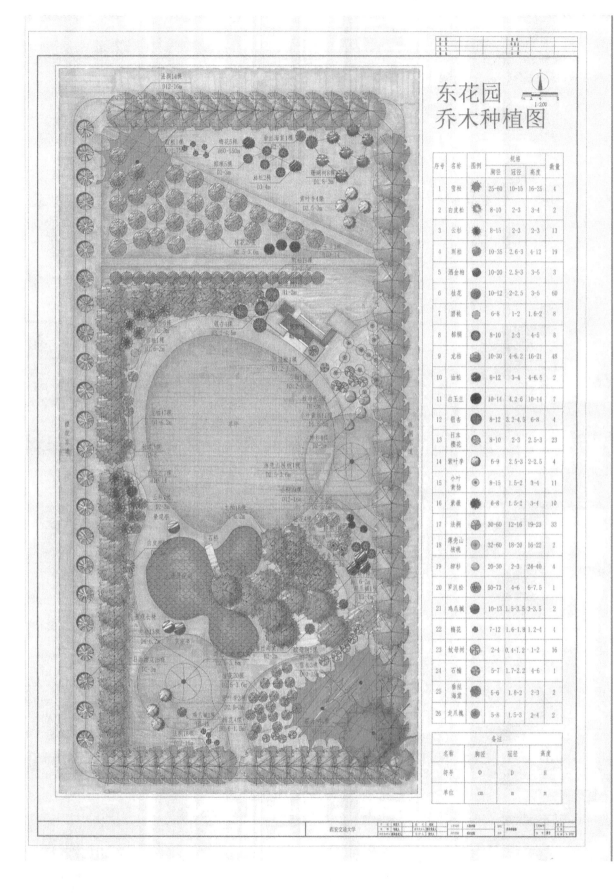

东花园 乔木种植图

比例 1:200

序号	名称	图例	规格			数量
			胸径	冠径	高度	
1	雪松		25-60	10-15	16-25	4
2	白皮松		8-10	2-3	3-4	2
3	云杉		8-15	2-3	2-3	13
4	刺柏		10-35	2.6-3	4-12	19
5	洒金柏		10-20	2.5-3	3-5	5
6	桂花		10-12	2-2.5	3-5	60
7	碧桃		6-8	1-2	1.6-2	8
8	棕榈		8-10	2-3	4-5	8
9	龙柏		10-30	4-6.2	16-21	48
10	油松		6-12	3-4	4-6.5	2
11	白玉兰		10-14	4.2-6	10-14	7
12	银杏		8-12	3.2-4.5	6-8	4
13	日本樱花		8-10	2-3	2.5-3	23
14	紫叶李		6-9	2.5-3	2-2.5	4
15	小叶黄杨		8-15	1.5-2	3-4	11
16	紫薇		6-8	1.5-2	3-4	10
17	法桐		30-60	12-16	19-23	33
18	薄壳山核桃		32-60	18-20	16-22	4
19	柳杉		20-30	2-3	24-40	4
20	罗汉松		50-73	4-6	6-7.5	1
21	鸡爪槭		10-13	1.5-3.5	3-3.5	2
22	梅花		7-12	1.6-1.8	1.2-4	2
23	蚊母树		2-4	0.4-1.2	1-2	16
24	石榴		5-7	1.7-2.2	4-6	4
25	垂丝海棠		5-6	1.8-2	3	2
26	龙爪槐		5-8	1.5-3	2-4	2

备注			
名称	胸径	冠径	高度
符号	Φ	D	H
单位	cm	m	m

西安交通大学

东花园 灌木种植图

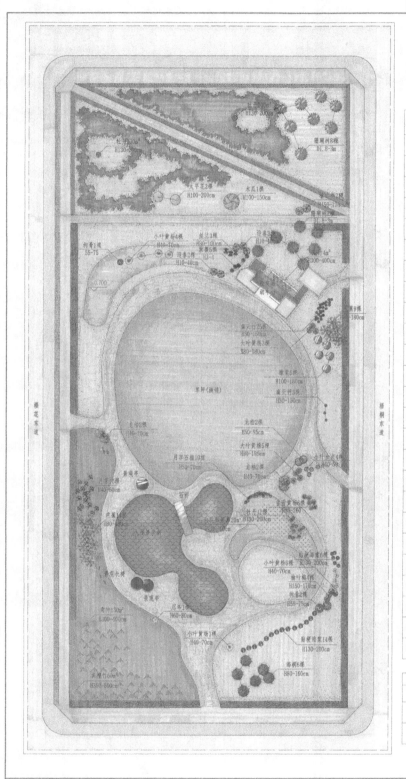

序号	名称	图例	规格			数量
			胸径	冠径	高度	
1	枸骨		1.5-2	180-250	55-75	3
2	大叶黄杨		2-5	120-200	80-180	8 130m²
3	小叶黄杨		1-2	30-50	40-70	11
4	南天竹		2	20-50	30-150	28
5	海桐		2-5	200-250	80-160	6 170m²
6	牡丹		1-2	50-70	130-200	11 430m²
7	月季石榴		2-3	40-60	50-70	19
8	珊瑚树		11-20 / 3-5	1.8-3 / 120-260	3.5-4 / 120-370	5 310m²
9	金舌黄杨		1-2	450-600	80-260	6
10	镶黄		2-3	150-200	100-180	7
11	龙柏		2-3.5	200-400	40-70	6
12	贴梗海棠		2-3	50-180	130-200	20
13	黄槽竹		2-3.5	20-40	350-500	60m²
14	青竹		2.5-3.5	25-35	300-400	130m²
15	迎春		40-60	120-180	10-40	5
16	芭蕉		4-8	180-200	80-180	23
17	月季		3	40-60	150	16
18	白花酢浆草		10-12	2-3	8-10	20m²
19	小叶女贞		8-10	30-60	40-50	144
20	丝兰		1-2	50-80	80-100	3
21	榆叶梅		1.5-2	100-150	1.5-1.7	6
22	忍冬		1-2	80-120	60-80	1
23	大芋花		1-2	30-120	1-2	2
24	木瓜		7-13	350-500	100-150	1
25	紫薇		6-8	1.5-2	3-4	5

备注				
名称	胸径	冠径	高度	面积
符号	Φ	D	H	S
单位	cm	cm	cm	m²

西安交通大学

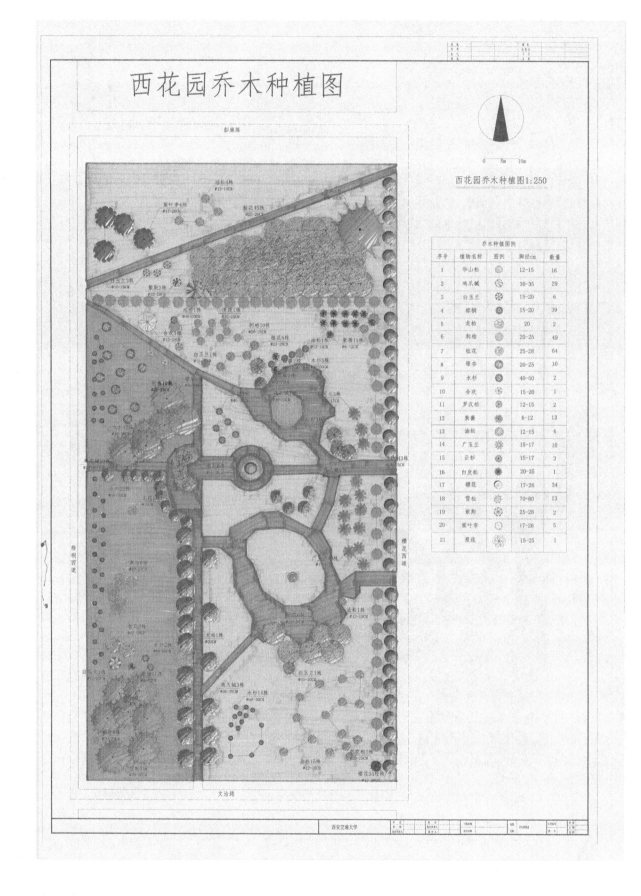

西花园乔木种植图

西花园乔木种植图1:250

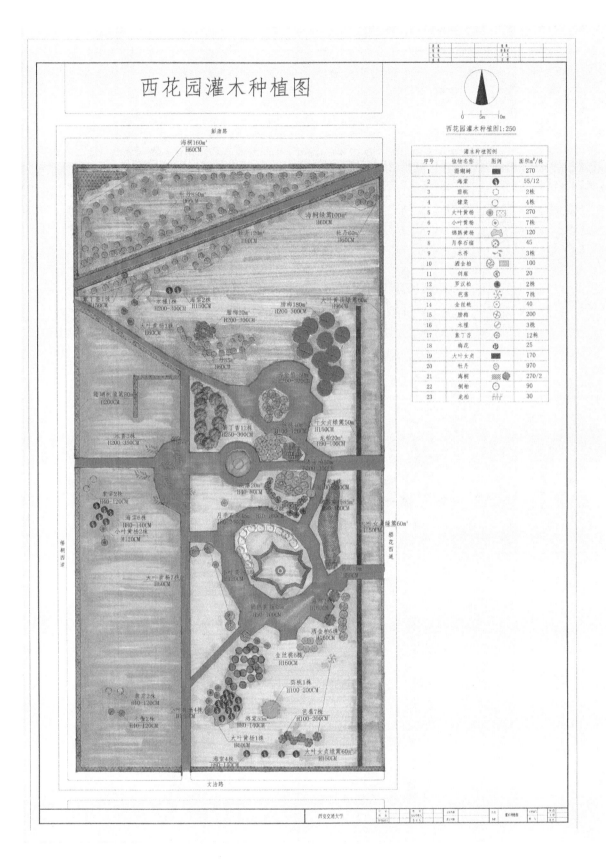

西花园灌木种植图

西花园灌木种植图1:250

序号	植物名称	图例	面积m²/株
1	珊瑚树		270
2	海棠		55/12
3	碧桃		2株
4	棣棠		4株
5	大叶黄杨		270
6	小叶黄杨		7株
7	锦熟黄杨		120
8	月季石榴		45
9	木香		3株
10	洒金柏		100
11	剑麻		20
12	罗汉松		2株
13	芭蕉		7株
14	金丝桃		40
15	腊梅		200
16	木槿		3株
17	紫丁香		12株
18	梅花		25
19	大叶女贞		170
20	牡丹		970
21	海桐		270/2
22	侧柏		90
23	龙柏		30

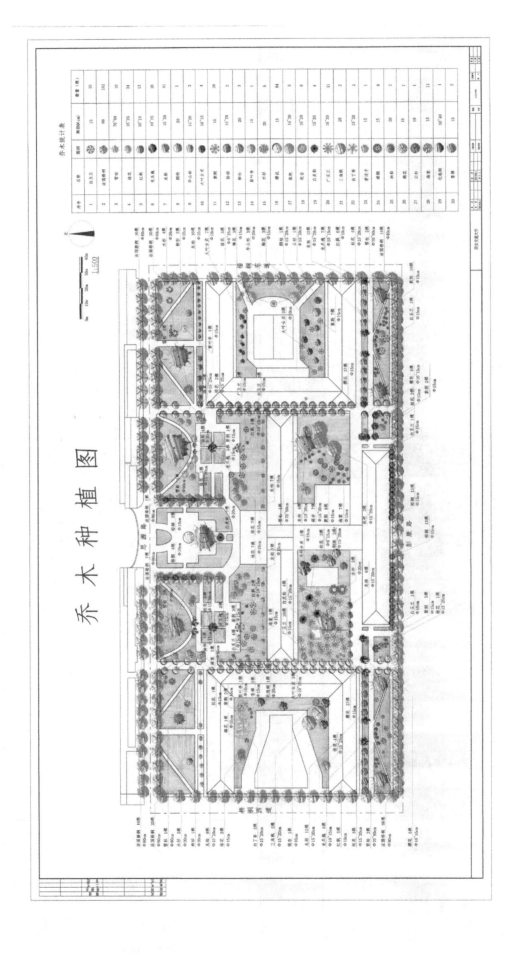

乔木种植图

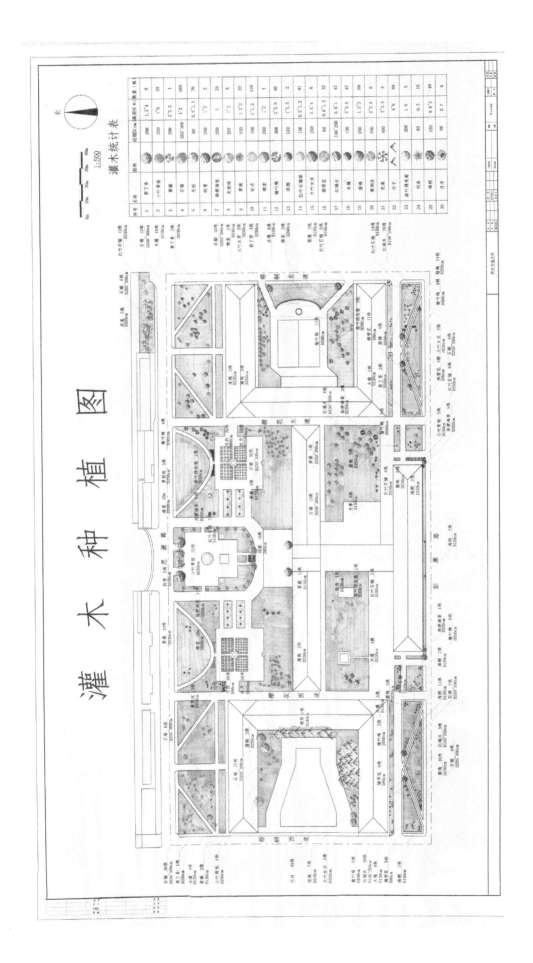

灌 木 种 植 图

灌木统计表

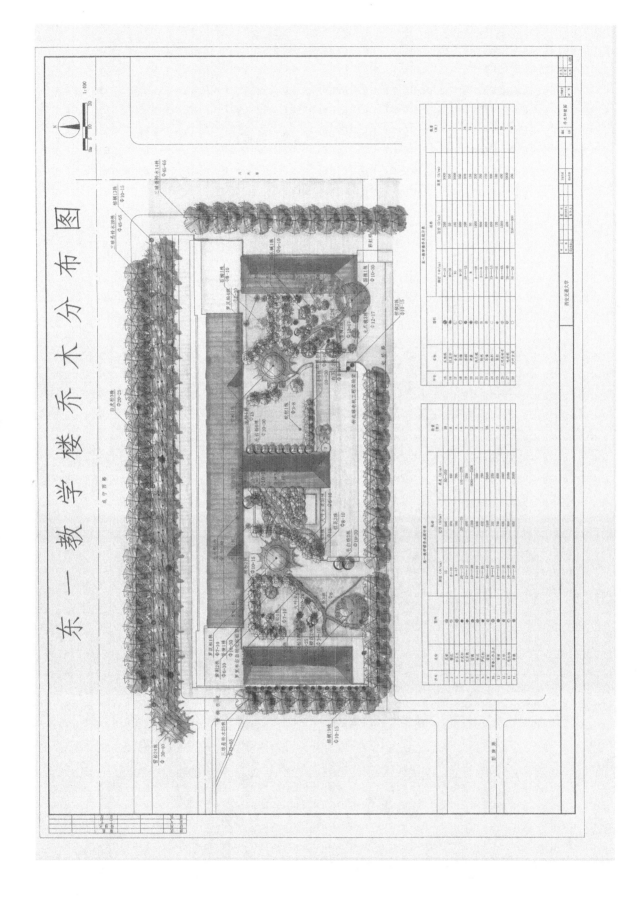

东 一 教 学 楼 乔 木 分 布 图

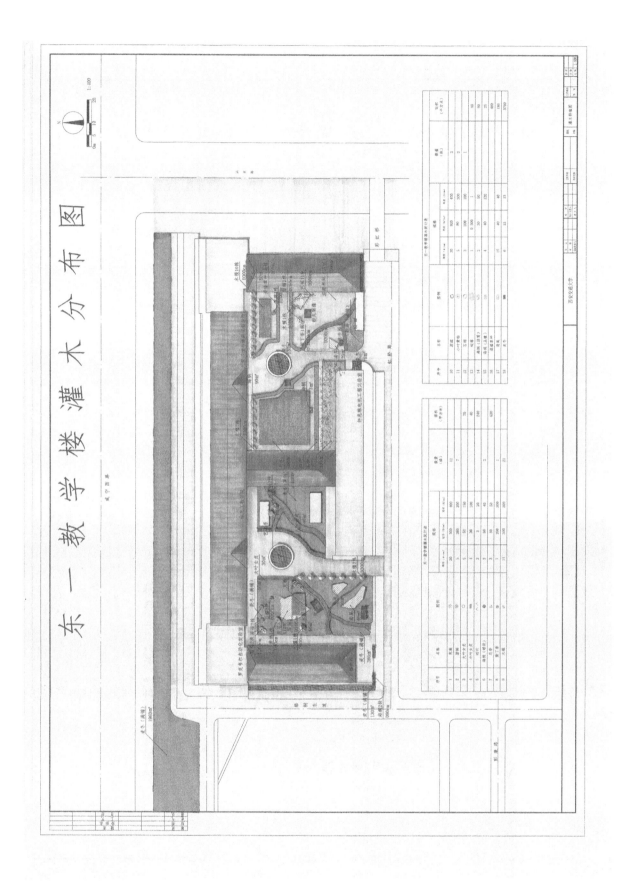

东 一 教 学 楼 灌 木 分 布 图

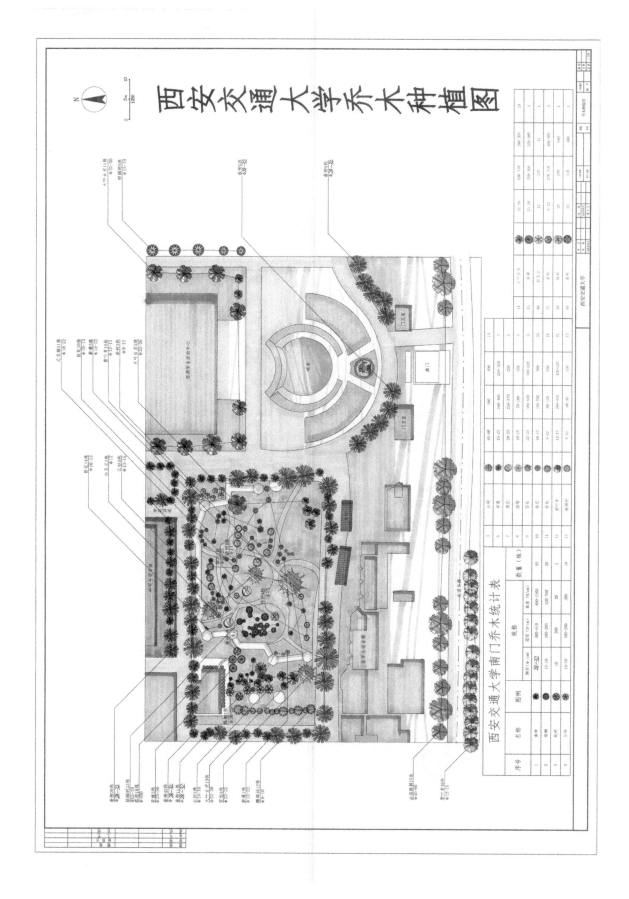

西安交通大学乔木种植图

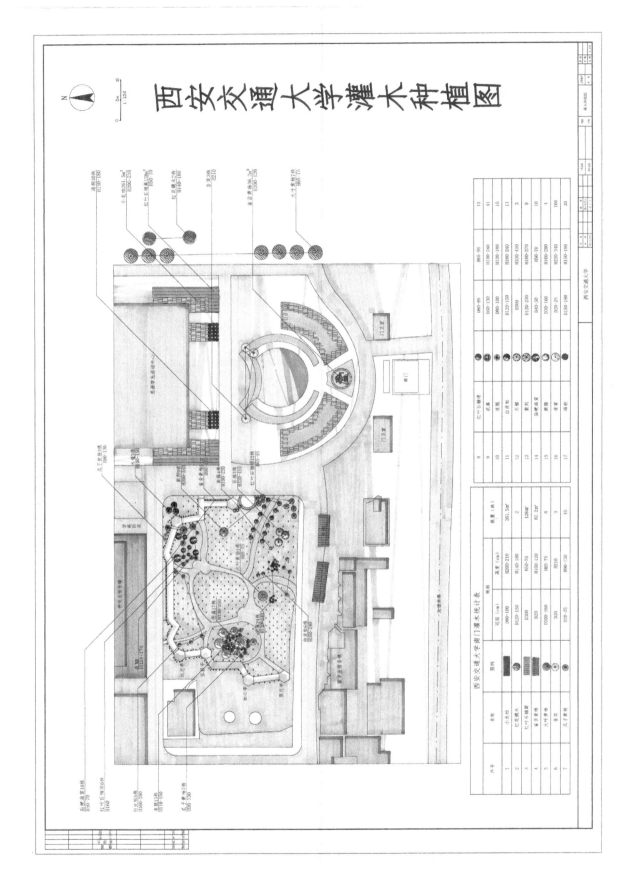

西安交通大学灌木种植图

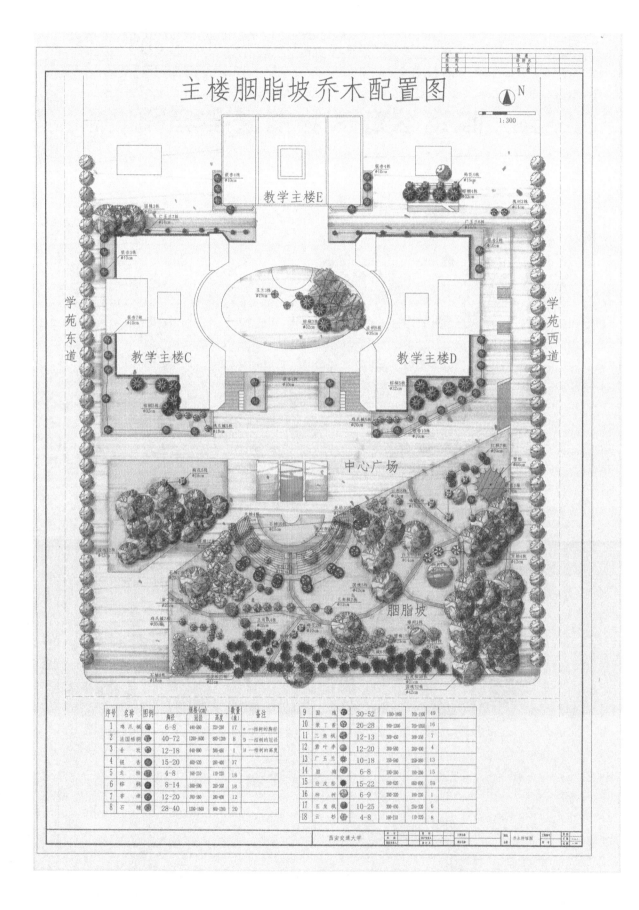

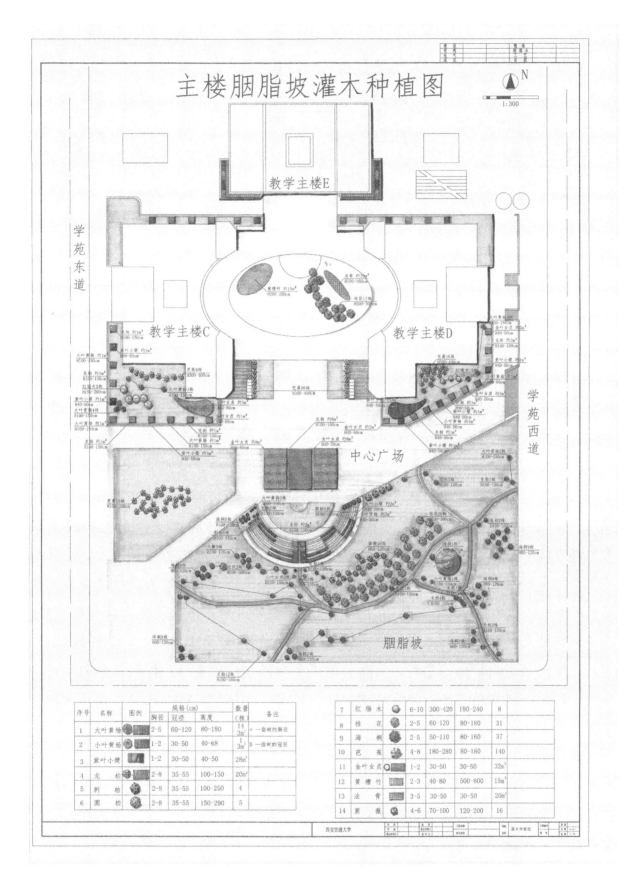

主楼胭脂坡灌木种植图

教学主楼E

学苑东道

教学主楼C

教学主楼D

学苑西道

中心广场

胭脂坡

1:300

序号	名称	图例	规格(cm)			数量(株)	备注
			胸径	冠径	高度		
1	大叶黄杨		2-5	60-120	80-180	14 3m²	D 一指树约胸径
2	小叶黄杨		1-2	30-50	40-68	1 3m²	D 一指树的冠径
3	紫叶小檗		1-2	30-50	40-50	28m²	
4	龙柏		2-8	35-55	100-150	20m²	
5	刺柏		2-8	35-55	100-250	4	
6	圆柏		2-8	35-55	150-290	5	
7	红瑞木		6-10	300-420	180-240	8	
8	桂花		2-5	60-120	80-180	31	
9	海桐		2-5	50-110	80-160	37	
10	芭蕉		4-8	180-280	80-180	140	
11	金叶女贞		1-2	30-50	30-50	32m²	
12	黄槽竹		2-3	40-80	500-800	15m²	
13	法青		3-5	30-50	30-50	20m²	
14	紫薇		4-6	70-100	120-200	16	

西安交通大学

后 记

从 2013 年春筹备撰写这本教材到 2019 年夏最后一遍校核定稿，历时五年。编写这本教材的初衷是为了让艺术系环艺专业的本科生能拥有一本实用的校园植物图文资料集，也是为大二开设的"景观植物学"这门专业课编写一本与课程内容、学习深度高度契合的教材。

教材内容涵盖上百种校园植物辨识，以木本（乔木、灌木）、草本、藤本大类为序，对学生们每天穿行于校园近距离观赏的园林植物做以详尽的专业介绍，图文并茂，好看又好读。文字按照植物别名、科属分类、株型、枝干（茎）、叶、花、果、生长习性与栽培特点、景观效果为序逐一介绍，娓娓道来，而配图也依此序排列，力求准确清晰。为了让读者能深入学习校园植物知识，最大化地提升这本教材的可读性和原创性，环设 41、环设 51、环设 61、环设 71、环设 81 五个班级的每一位同学都为这本书付出了艰辛的努力，不论严寒还是酷暑，师生们数不清多少次举着单反相机在校园各个角落扑捉每一种植物的四季变化，力求做到图片原创（除少量花、果无法拍摄的植物），确保图片分辨率、光影效果和艺术效果都达到理想状态。

需要补充说明的是，书中植物测绘图部分是以 2018 年 10 月的校园种植状态为准完成绘制的。我们也注意到，辛勤的园丁和绿保部的同事们对校园植物的维护、补充、优化一直在动态地、实时地进行着。因此，这些种植图与最新的校园种植内容会存在少量差异。

最后，再次感谢这五个班级同学们的悉心付出，才为我们留下这本开卷有益的专业教材。同时，感谢杨靖文同学提供了用于本书封面设计的素材。我们还会持续更新这本教材的图文内容，不断强化环艺学生对我国以西安、郑州为代表的第 IV 区园林植物的辨识和应用能力。

笔者于东一楼

2019 年夏